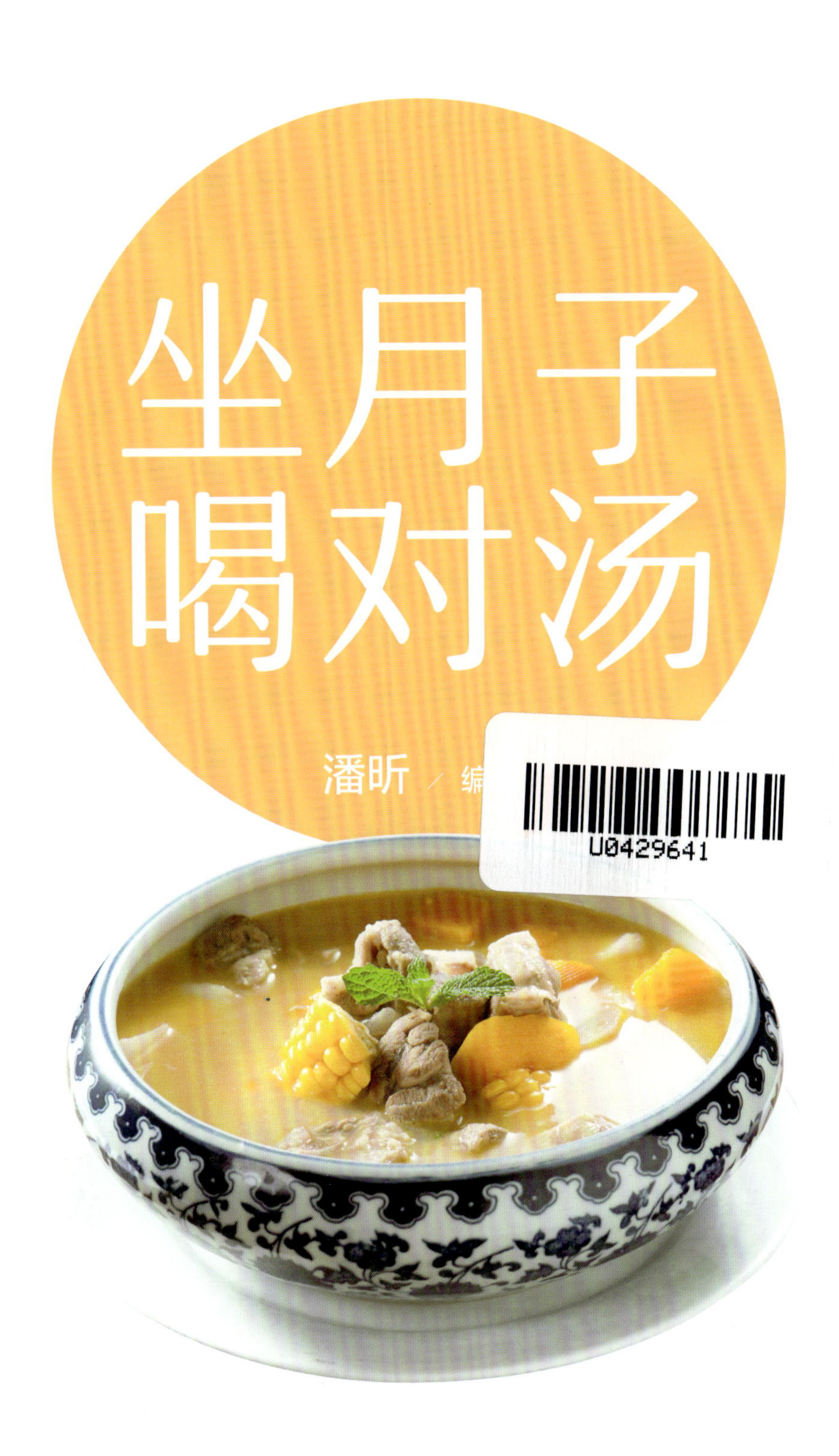

坐月子喝对汤

潘昕 / 编

中国轻工业出版社

图书在版编目（CIP）数据

坐月子喝对汤／潘昕编著. —北京：中国轻工业出版社，2019.5

ISBN 978-7-5184-2375-0

Ⅰ. ①坐… Ⅱ. ①潘… Ⅲ. ①产妇—妇幼保健—汤菜—菜谱 Ⅳ. ① TS972.164

中国版本图书馆 CIP 数据核字（2019）第 023080 号

责任编辑：付 佳 王芙洁　　责任终审：劳国强　　整体设计：悦然文化
策划编辑：翟 燕 付 佳 王芙洁　　责任校对：李 靖　　责任监印：张京华

出版发行：中国轻工业出版社（北京东长安街 6 号，邮编：100740）
印　　刷：北京博海升彩色印刷有限公司
经　　销：各地新华书店
版　　次：2019 年 5 月第 1 版第 1 次印刷
开　　本：720×1000　1/16　印张：12
字　　数：200 千字
书　　号：ISBN 978-7-5184-2375-0　定价：48.00 元
邮购电话：010-65241695
发行电话：010-85119835　传真：85113293
网　　址：http://www.chlip.com.cn
Email：club@chlip.com.cn
如发现图书残缺请与我社邮购联系调换
171433S3X101ZBW

前言 PREFACE

俗话说“金水银水不如妈妈的奶水”，充足营养的奶水，是妈妈送给宝宝的第一份礼物，对于宝宝来说也是最好的食物。生完宝宝依然苗条如初，是万千妈妈的梦想，月子里会吃、不乱吃，保持好身材并不难。

现在，越来越多的新妈妈意识到了坐月子要科学调养，而汤品又是月子里饮食的重头戏。五谷、五果、五菜、五畜合而为食——做成汤，可补充营养、增加水分、生津和血。“药补不如食补”，家常汤水最养人，汤喝对了，完全能够满足妈妈们坐月子的营养需求，帮助恢复身体、促进泌乳。

本书贴心而有针对性地按照时间段给出了月子期间的喝汤方案：让产后新妈妈在第 0 ~ 3 天及早开奶、调理肠胃、消水肿；第 4 ~ 7 天促进恶露排出；第 2 周强腰固肾、催乳；第 3 周促进代谢；第 4 周调养气血；第 5 周增强体质；第 6 周关注瘦身。循序渐进，每一阶段都有所侧重，让新妈妈喝得明白、安心。同时，对月子里经常发生的月子病也给出了针对性调理方案，让特殊妈妈照样能安心接受美味汤品的滋养。

另外，素食妈妈补气补血的汤品也是丰富多样，豆类素汤、谷物坚果素汤、菌藻素汤、蔬果素汤等，营养毫不逊色。

希望新妈妈喝出好体质，喝出好奶水，喝出好身材！

为什么月子里要多喝汤

你喝进去的汤水就是宝宝的奶水

妈妈营养补得好，乳汁才能分泌足

在正常情况下，新妈妈产后第 1 天约分泌乳汁 100 毫升，至第 2 周增加到每天 500 毫升左右，随后逐渐增加，1 个月后每天约为 650 毫升，3 个月后每天约为 800 毫升。但个体之间有差距，即使营养良好，每个新妈妈的状况也不尽相同。

泌乳量少是新妈妈营养不良的一个特征，营养状况良好的新妈妈，在哺乳的前 6 个月，平均每天的泌乳量约为 750 毫升，其后的 5 个月约为 600 毫升。但是当新妈妈摄入的热量很低时，会影响泌乳量。

对于营养状况良好的新妈妈，如果哺乳期限制饮食，也可使泌乳量迅速减少，因此必须科学补充营养，特别是增加热能和蛋白质的摄入，这些都可以增加泌乳量。

乳汁分泌的 4 个阶段

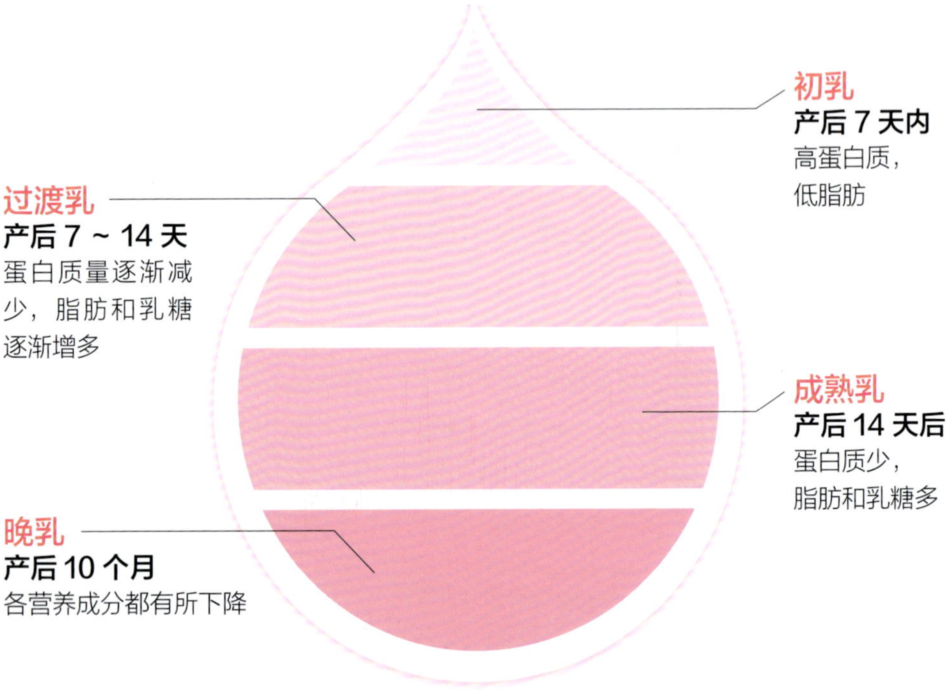

初乳
产后 7 天内
高蛋白质，
低脂肪

过渡乳
产后 7 ~ 14 天
蛋白质量逐渐减少，脂肪和乳糖逐渐增多

成熟乳
产后 14 天后
蛋白质少，
脂肪和乳糖多

晚乳
产后 10 个月
各营养成分都有所下降

母乳是给宝宝最珍贵的礼物

母乳是宝宝最好的食物，它是任何食品都无法替代的。然而，很多新妈妈产后乳汁很少甚至没有，这就需要适当食用一些下奶的汤水来调理。

母乳喂养能滋养宝宝的小心灵

母乳喂养可刺激母亲体内催产素的释放，催产素不仅刺激子宫收缩和乳汁分泌，还促进母性行为的发生和母子亲密关系的形成，是强化母婴情感的重要纽带。

母乳更方便经济

无论宝宝什么时候饿了，母乳都能最及时、最方便地为宝宝提供温度最适宜、最新鲜、最安全的饮食，完全不受时间和地点限制。同时，随着宝宝一次次吸空，乳汁的分泌会越来越多。良好的母乳喂养不仅有利于宝宝身体的健康发育，对宝宝的心理发育也有好处。

母乳是为自己的宝宝量身打造的

母乳营养成分非常全面，含有丰富的蛋白质、维生素和矿物质等营养成分。不仅如此，母乳中的各营养成分也是在不断变化的，以适应宝宝不同时期的需要。可以说，每个妈妈的母乳都是为自己宝宝量身打造的。

母乳更易消化吸收

相比牛奶、奶粉等其他动物的乳汁或代乳品，母乳更易被宝宝消化吸收，这是因为母乳中的各成分比例合理，其含有的酶能促进消化，能更快更好地被宝宝吸收利用。

是什么决定了奶水是多还是少

及早开奶，宝宝是最好的“开奶师”

母亲第一次给宝宝喂奶叫“开奶”，最好在产后半小时内就开始哺喂宝宝，让宝宝早接触乳头、早吸吮，这是保证母乳喂养的第一步。早开奶不仅有利于母子的健康，也有利于乳汁的分泌。一般来说，早期母乳的有无及泌乳量多少，在很大程度上与哺乳开始的时间及泌乳反射建立的迟早有关。可以说，喂奶越早越勤，乳汁分泌得越多。

下奶之前不要喝催奶汤，否则容易致乳腺管阻塞

很多新妈妈因为最初奶水不多，想要多喝补汤下奶，但是产后立即喝下奶汤的做法是错误的。因为产后妈妈身体太虚弱，马上进补催奶的高汤，往往会“虚不受补”，反而易导致乳腺管堵塞，乳汁分泌不畅。

勤让宝宝吃，及时排空，奶水会越来越多

让宝宝想吃就吃，多吸吮乳头，既可使乳汁及时排空，又能通过频繁的吸吮刺激妈妈的脑垂体分泌更多的泌乳素，使奶量不断增多。

即便刚开始奶水量不多，只要让宝宝多吸，加上妈妈保持愉快的心情、充足的睡眠、均衡的营养，奶水都会多起来的。

妈妈睡得好，宝宝粮仓足

夜里因为要喂奶好几次，妈妈晚上会睡不好觉。睡眠不足会影响泌乳，哺乳妈妈要注意多休息，白天可以让他人照看宝宝，自己抓紧时间睡个午觉。

多吃下奶食物，促进泌乳

产后第 4 天开始，可以适当加强营养，选择有通乳下奶功效的食物，如黑芝麻、牛奶、燕麦粥、丝瓜瘦肉汤、木瓜花生红枣汤、鲫鱼金针汤、豆制品等。

木瓜

牛奶　鲫鱼

豆腐

孕前、孕期、产后每日膳食营养素摄入量对比

新妈妈产后面临两大任务，一是自身身体恢复，二是哺乳、喂养宝宝，两个方面均需加强营养。因此，饮食营养对于月子里的新妈妈尤其重要。

各阶段营养素一览表

营养素	孕前	孕期	哺乳期
蛋白质	55 克	孕早期 55 克	80 克
		孕中期 70 克	
		孕晚期 85 克	
叶酸	400 微克	600 微克	500 微克
维生素 A	700 微克	孕早期 700 微克	1300 微克视黄醇当量
		孕中、晚期 770 微克	
维生素 B_1	1.2 毫克	孕早期 1.2 毫克	1.5 毫克
		孕中期 1.4 毫克	
		孕晚期 1.5 毫克	
维生素 B_2	1.2 毫克	孕早期 1.2 毫克	1.5 毫克
		孕中期 1.4 毫克	
		孕晚期 1.5 毫克	
维生素 C	100 毫克	孕早期 100 毫克	150 毫克
		孕中、晚期 115 毫克	
钙	800 毫克	孕早期 800 毫克	1000 毫克
		孕中、晚期 1000 毫克	
铁	20 毫克	孕早期 20 毫克	24 毫克
		孕中期 24 毫克	
		孕晚期 29 毫克	
碘	120 微克	230 微克	240 微克
锌	7.5 毫克	9.5 毫克	12 毫克

注：以上数据参考《中国居民膳食指南（2016）》。

补足这些营养素，妈妈恢复快、宝宝粮仓足

关键的产后第 1 周，喝对汤给身体打下好底子

幸福完美坐月子，周周好汤不重样

赞不绝口催奶汤，奶水多、不发胖

首屈一指瘦身汤，身材棒、气色好

Part 6

素食妈妈喝素汤，喂奶减脂两不误

特殊症状特别呵护，好汤自有奇效

不同体质新妈妈，喝对汤强体质

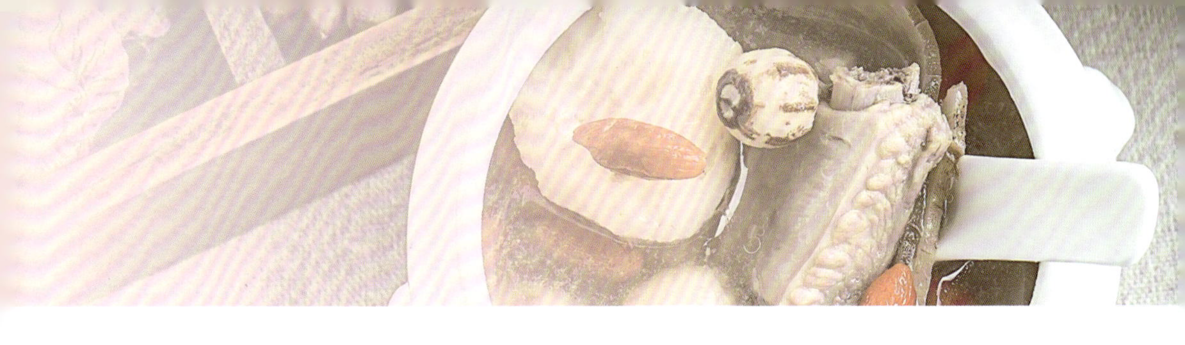

附录　产后滋补粥

Part 1

补足这些营养素，妈妈恢复快、宝宝粮仓足

人体结构的“主角”

对新妈妈的作用

给宝宝哺乳的感觉，简直妙不可言，这是新妈妈最深刻的体会。但是新妈妈母乳不足时，就要摄入更多的营养，特别是优质蛋白质、水分，因为它们对乳汁的分泌很有帮助。

新妈妈应以饮食为主来催乳。足量、优质的蛋白质摄入对哺乳期妈妈和宝宝都非常重要。

主要的食物来源

优质蛋白质是乳汁的重要成分，产后第 2 周以后，新妈妈可以多吃些去皮鸡肉、鱼、瘦肉、动物肝脏、豆制品等，适量喝些牛奶，一般每天摄取 80 克左右蛋白质即可保证乳汁质量。

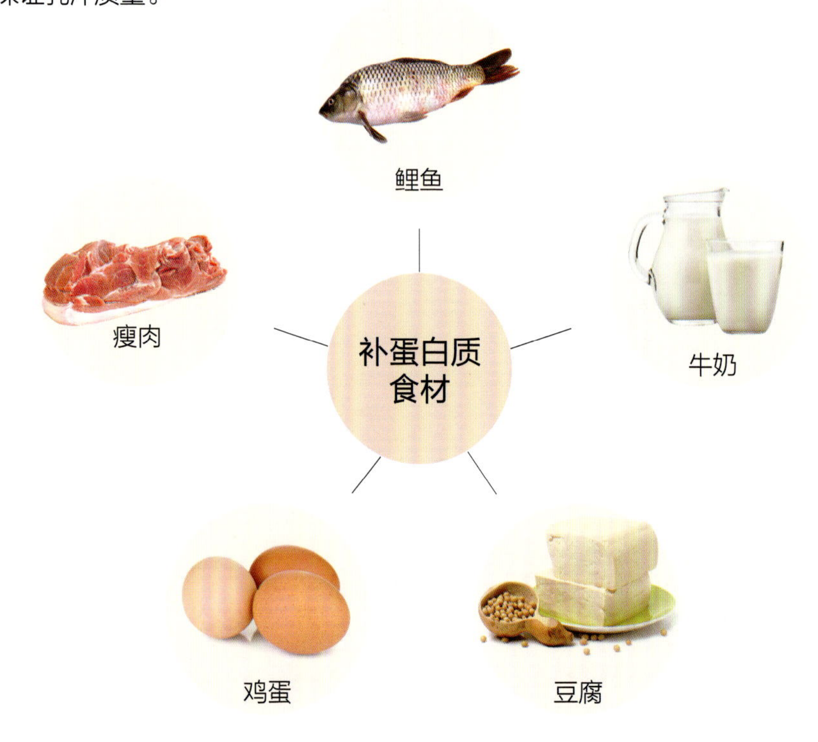

奶油鳕鱼羹

材料 鳕鱼肉 200 克，西蓝花、胡萝卜、面粉各 50 克，牛奶 150 克。

调料 葱花、黄油各 10 克，盐 4 克，白糖 3 克。

做法

1. 鳕鱼肉洗净，切小块；西蓝花洗净，掰小朵，焯水；胡萝卜洗净，切小块。
2. 炒锅置火上，放黄油烧至化开，分少量多次加面粉炒香，淋入牛奶搅匀，制成牛奶面糊。
3. 锅内倒油烧热，炒香葱花，放入胡萝卜块翻炒，加水烧开，放入西蓝花、鳕鱼块煮熟，加盐、白糖，淋入牛奶面糊即可。

莲藕玉米排骨汤

材料 猪排骨 300 克，玉米、莲藕各 150 克。

调料 姜片、料酒、盐、陈皮各适量。

做法

1. 猪排骨洗净，切段，焯去血水；莲藕去皮，洗净，切片，焯水；玉米切段。
2. 锅内注入适量清水，放入排骨段、莲藕片、玉米段、姜片、陈皮、料酒，大火煮沸，改小火煲 2 小时至材料熟烂，加盐调味即可。

功效 排骨富含蛋白质，可补肾养血、滋阴润燥，对产后肾虚体弱、血虚、便秘等都有辅助治疗的功效，搭配玉米效果更佳。

肠胃的清道夫

对新妈妈的作用

膳食纤维被肠道细菌分解后，产生的物质能够促进肠蠕动，刺激消化液的分泌，帮助食物消化吸收。此外，多补充膳食纤维能够促进排便，缓解新妈妈产后便秘、腹胀、食欲减退等。

主要的食物来源

膳食纤维的主要食物来源有谷薯类、蔬果类、豆类及豆制品。谷薯类如小米、高粱米、玉米、红薯等；蔬果类如蘑菇、菠菜、梨、红枣、苹果等；豆类及豆制品如黄豆、红豆、绿豆、豆腐等。

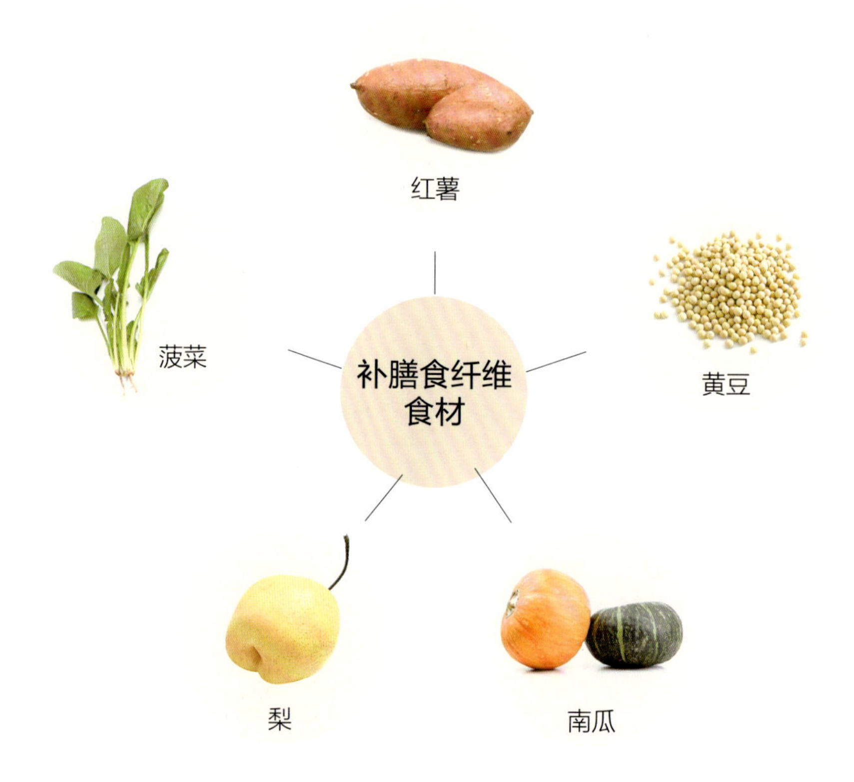

菠菜蘑菇汤

材料 口蘑、金针菇各100克，菠菜200克。

调料 姜片5克，盐3克，香油适量。

做法

1. 口蘑洗净，切小块；金针菇洗净，去根；菠菜洗净，焯水，切小段。
2. 锅置火上，加水适量，放姜片煮开，加入口蘑和金针菇。
3. 水开后加入菠菜段、盐煮沸，淋入香油，关火即可。

山药玉米浓汤

材料 山药、胡萝卜各80克，鲜玉米粒100克，鸡蛋1个。

调料 水淀粉适量，葱花、盐各少许。

做法

1. 山药洗净，去皮，切小块；胡萝卜洗净，去皮，切丁；鸡蛋打散。
2. 锅中倒适量清水烧开，加入山药块、胡萝卜丁煮沸，加入鲜玉米粒煮熟，用水淀粉勾芡，再将蛋液缓缓倒入，轻轻搅拌。
3. 煮开后加盐调味，撒入葱花即可。

增加乳汁分泌

对新妈妈的作用

多不饱和脂肪酸是人体细胞膜的重要组成成分，如果多不饱和脂肪酸摄入不足，很容易导致心脏和大脑等重要器官出现障碍。如果新妈妈多不饱和脂肪酸摄入不足，对自身免疫调节、细胞膜稳定等都不利，也不利于脂溶性维生素的吸收和利用，容易使新妈妈罹患脂溶性维生素缺乏症。

主要的食物来源

多不饱和脂肪酸含量较高的有杏仁、核桃、菜籽油、海鱼、蛋黄、红花油、核桃油、豆油、牛油果等。

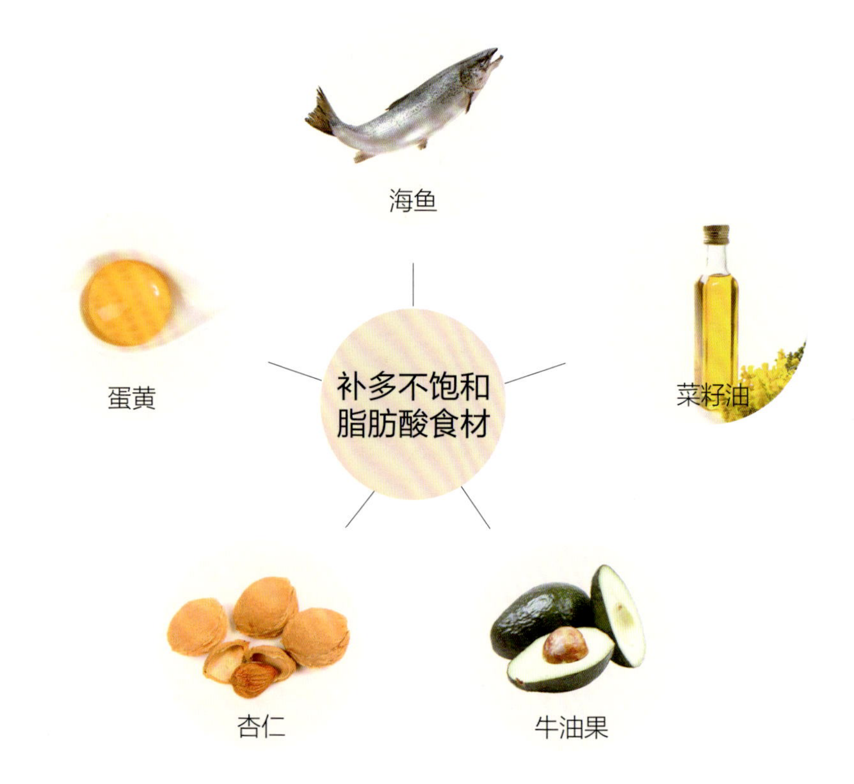

鲫鱼豆腐汤

材料 鲫鱼 1 条，豆腐 100 克。

调料 盐 2 克，姜片、葱段、蒜片各 5 克，料酒 10 克。

做法

1. 鲫鱼处理干净，洗净，在鱼身两面各划花刀，分别用料酒、盐涂抹均匀；豆腐洗净，切小块。
2. 锅内倒油烧热，放入鲫鱼，小火慢煎至两面金黄，倒入适量水、剩余料酒，放入葱段、姜片、蒜片。
3. 转大火烧开，待汤汁变白时加入豆腐块，小火慢炖至汤汁浓稠，加剩余盐，再炖 3 分钟即可。

鲈鱼汤

材料 鲈鱼 1 条，红枣 6 枚，枸杞子 5 克。

调料 葱花、姜末、盐各适量。

做法

1. 鲈鱼收拾干净，洗净；红枣洗净，去核；枸杞子洗净。
2. 将鲈鱼、姜末、葱花、红枣、枸杞子放入锅中，加入适量清水，大火煮沸，转小火炖煮至鱼肉熟烂，加盐调味即可。

视力和皮肤的保护神

对新妈妈的作用

维生素 A 有助于维持正常的视觉功能，参与视网膜细胞中感光色素的构成，维持正常的暗视力，还能维持上皮组织细胞的正常生长与分化，维持骨质代谢的正常进行。维生素 A 对促进产后恢复也很重要。

主要的食物来源

维生素 A 最好的食物来源是各种动物肝脏、鱼肝油、牛奶、蛋黄；菠菜、荠菜、胡萝卜、南瓜中含胡萝卜素量较多，胡萝卜素在人体内可以转化成维生素 A。

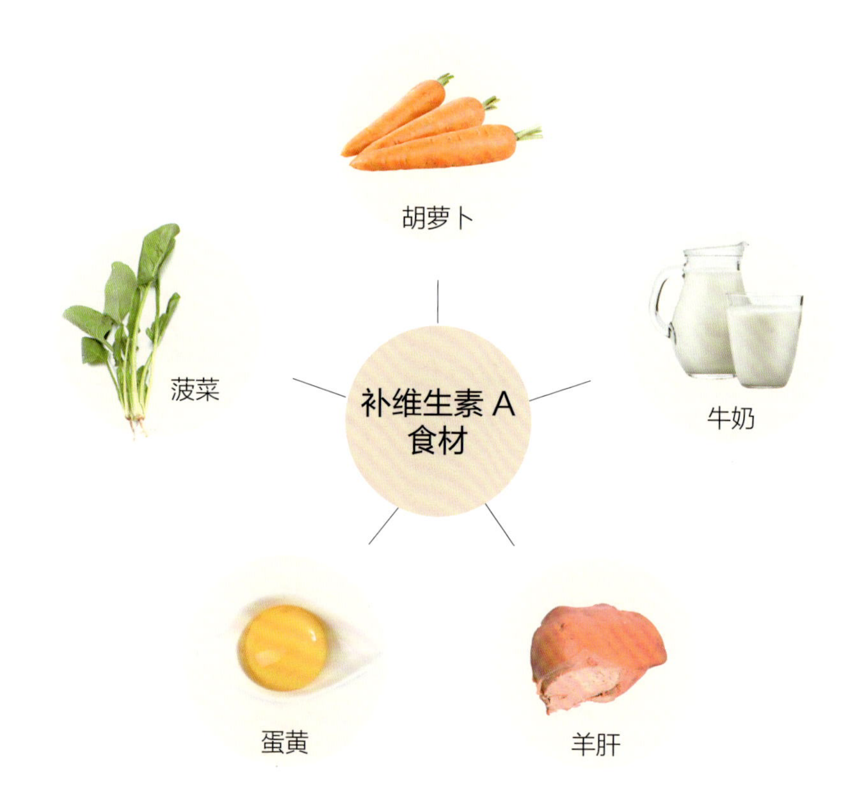

羊肝菠菜鸡蛋汤

材料 菠菜150克，羊肝50克，鸡蛋1个。

调料 葱花10克，姜丝5克，盐4克，胡椒粉3克，香油少许。

做法

1. 菠菜择洗干净，用沸水焯烫，捞出，沥干，切段；羊肝洗净，切片；鸡蛋打散成蛋液。
2. 锅置火上，加适量清水和姜丝煮沸，放入羊肝煮熟，淋入鸡蛋液搅成蛋花，下入菠菜段，加盐、葱花、胡椒粉调味，淋上香油即可。

杏仁胡萝卜雪梨汤

材料 雪梨200克，胡萝卜150克，干银耳10克，杏仁50克。

调料 陈皮适量。

做法

1. 银耳泡发，洗净，去蒂，撕成小块；雪梨洗净，去皮、去核，切成厚片；胡萝卜洗净，去皮，切成厚片；杏仁洗净。
2. 锅置火上，倒入适量清水，加入陈皮，大火煮开，放入雪梨片、胡萝卜片、杏仁、银耳，大火煮10分钟，转小火再煮20分钟即可。

辅助补血、对抗出血

对新妈妈的作用

维生素 C 能够增强新妈妈的抵抗力，加速伤口愈合，促进铁吸收。维生素 C 还能增强皮肤弹性，预防色斑，防止衰老。此外，维生素 C 还有助于辅治牙龈出血和口臭。

主要的食物来源

小白菜、菠菜、西蓝花、柿子椒、土豆、柑橘、橙子、草莓、柠檬、葡萄、苹果等富含维生素 C。

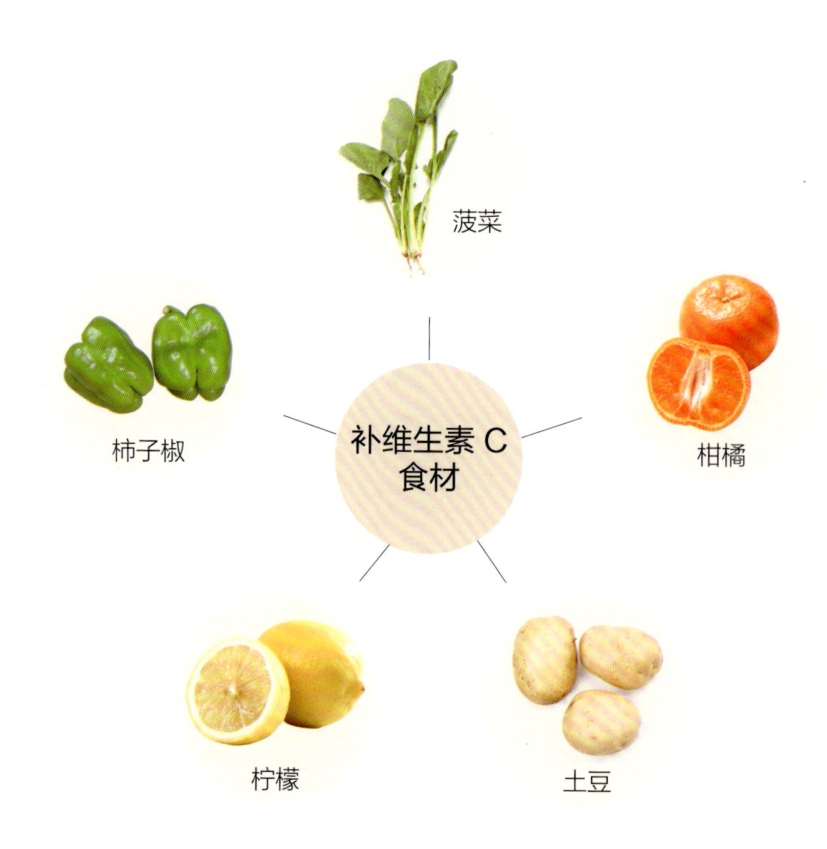

番茄土豆汤

材料 土豆、番茄各 150 克。

调料 葱花、盐各适量。

做法

1. 土豆去皮，洗净，切小丁；番茄洗净，去皮、去蒂，切块。
2. 锅中倒油烧热，加葱花炒出香味，放入土豆丁翻炒均匀，加适量清水煮至土豆丁八成熟。
3. 倒入番茄块继续煮至土豆熟透，用盐调味即可。

牛奶蔬菜羹

材料 牛奶 200 克，西蓝花、芥菜各 50 克。

调料 白糖适量。

做法

1. 西蓝花和芥菜分别洗净，切成小块，放入榨汁机中榨汁。
2. 将牛奶与蔬菜汁混合倒入锅中，煮沸，加入白糖煮化即可。

维生素 E 防衰老、抗氧化

对新妈妈的作用

维生素 E 有很强的抗氧化作用，可以延缓衰老，保护红细胞。新妈妈如果缺乏维生素 E 容易引起毛发脱落、皮肤粗糙等症状。

主要的食物来源

维生素 E 主要存在于植物油中，葵花子油、花生油和玉米油中；豆类、坚果和谷类中含量也较多。

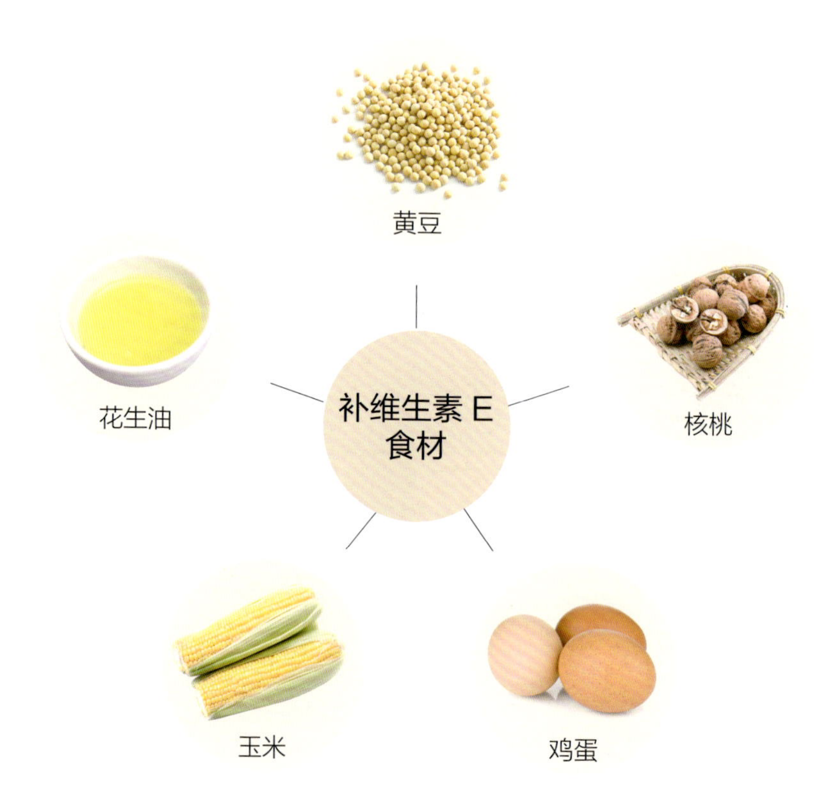

芙蓉玉米羹

材料 鲜玉米粒 200 克，鸡蛋 1 个。

调料 水淀粉、白糖、盐各适量。

做法

1. 鲜玉米粒冲洗一下；鸡蛋磕入碗中打散。
2. 锅置火上，放入适量清水烧沸，倒入玉米粒煮熟，用水淀粉勾芡，慢慢淋入鸡蛋液，加入白糖搅匀即可。

黑豆黑米豆浆

材料 黄豆 50 克，黑豆、黑米各 20 克。

调料 蜂蜜 10 克。

做法

1. 黄豆、黑豆、黑米洗净，用清水浸泡 4 小时。
2. 把黑米、黄豆、黑豆一同倒入全自动豆浆机中，加水至上下水位线之间，煮至豆浆机提示豆浆做好，凉至温热后加入蜂蜜搅拌均匀即可。

保护骨骼和牙齿

对新妈妈的作用

钙是人体必需的矿物质，能强健骨骼和牙齿，具有调节心跳及肌肉收缩的功能，还能保持新妈妈心血管健康，有效控制产后水肿。如果不想将来身高缩水，产后补钙很重要。

主要的食物来源

奶及奶制品是钙的优质来源，含量丰富且易吸收。富含钙的食物还有黑芝麻、虾仁、牡蛎、干贝、海带、肉类、鸡蛋、豆类及豆制品、核桃、西瓜子、南瓜子等。

小白菜豆腐汤

材料 小白菜200克，豆腐250克。

调料 葱花、盐、香油各适量。

做法

1. 小白菜择洗净，掰成段；豆腐洗净，切块。
2. 汤锅加水烧沸，放入豆腐块，煮开后再煮3分钟，下入小白菜段和葱花煮1分钟，加盐调味，淋入香油即可。

牡蛎香菇冬笋汤

材料 牡蛎400克，鲜香菇、冬笋、青豌豆各50克。

调料 清汤适量，盐、料酒各4克，姜末、香油各3克。

做法

1. 香菇、冬笋分别洗净，焯水，捞出切片；牡蛎取肉，洗净，焯水后冷水洗净；青豌豆洗净。
2. 锅内加入清汤、料酒，烧沸后放入青豌豆、牡蛎肉、香菇片、冬笋片、姜末烧沸，淋入香油，调入盐即可。

补血益气的重要元素

对新妈妈的作用

铁元素是组成血红蛋白的主要元素，如果孕期铁摄入不足或生产时流血多均会导致贫血，产后补充铁质可以补血益气，促进身体恢复。

主要的食物来源

食物中的铁有两种形态，一种为血红素铁，存在于动物性食物中，在动物血、动物肝脏、红肉（尤其是牛肉、猪肉）及一些海产品中含量较多，这种形式的铁容易被人体吸收。另一种为非血红素铁，在豆类、谷类（如全麦、燕麦和糙米等）、深色蔬菜（如西蓝花、菠菜、紫甘蓝、芦笋）中含量较多，菌藻类如木耳、海带等也含有一定的铁。

动物性食物中的铁比植物性食物中所含的铁更易于被人体吸收。吃含铁的食物时一同吃些富含维生素 C 的食物，能促进铁的吸收。

牛肉罩饼汤

材料 牛腱子肉、小油菜各200克，烙饼1张。

调料 盐、生抽、甜面酱、料酒、葱段、姜片、大料、小茴香、香油各适量。

做法

1. 烙饼切三角形，放入碗中；小油菜洗净，焯水，过凉；牛腱子肉洗净，切大块，放入适量盐、生抽、甜面酱、料酒、葱段、姜片，腌制7～8小时。
2. 高压锅中放入适量清水，把腌制好的牛腱子肉连同汤料一同放入锅中，放入大料、小茴香，大火煮开，撇去浮沫，转小火炖1小时左右。取出牛腱子肉，完全冷却后切片入盘。
3. 牛肉汤撇去表面油脂和调料，浇在烙饼上，放上牛肉片和小油菜，淋入少许香油即可。

菠菜鸭血汤

材料 菠菜200克，鸭血150克。

调料 盐3克，葱末、香油各适量。

做法

1. 鸭血洗净，切片；菠菜择洗净，焯水，切段。
2. 锅置火上，倒油烧热，放入葱末煸香，加入清水煮开，放入鸭血片煮沸，转中火焖10分钟，放入菠菜段煮开，加盐调味，淋入香油即可。

月子餐食材选择要谨慎

1 宜多吃易消化的食物

产后新妈妈需要大量营养，以补充在孕期和分娩时的消耗，但在坐月子期间最好多吃些营养高且易消化的食物。因为此时新妈妈的肠胃功能还未完全恢复，不宜大量进补，以免造成肠胃功能紊乱。小米粥、蔬菜汤、鸡蛋面、清淡的鱼汤等是坐月子前期的必选食物。

随着新妈妈身体的恢复，可以适当增加含有丰富蛋白质、碳水化合物及适量脂肪的食物。在给新妈妈制作月子餐的时候，应多用炖、蒸、煮、烩等方法，少用煎、炸。

2 剖宫产后少吃产气食物

剖宫产后开始进食时，宜服用一些排气类食物，如萝卜汤，以增强肠蠕动，促进排气，减少腹胀，并使大小便通畅。而易产气的食物，如黄豆、豆浆、红糖等，要少吃或不吃，以防腹胀。

3 宜吃促进伤口愈合的食物

产后营养好，会加速伤口的愈合。为了促进新妈妈伤口的恢复，要适当多吃鸡蛋、瘦肉、鱼虾等富含蛋白质的食物，同时也应多吃富含维生素 C、维生素 E 的食物，以促进组织修复。

4 宜适量吃粗粮

产后新妈妈要适量吃些粗粮，如燕麦、玉米、小米、红薯等。这些粗粮富含膳食纤维和 B 族维生素，吃后不仅耐饿，还可以避免摄入过多热量，帮助新妈妈恢复体形，对促进排便也有好处。

宜保持饮食多样化

新妈妈产后身体的恢复和宝宝营养的摄取均需要各类营养成分，因而新妈妈千万不要偏食、挑食，粗粮和细粮都要吃，不能只吃精米精面，还要搭配粗粮，如燕麦、玉米粉、糙米、红豆、绿豆等。另外还要注意荤素搭配，这样既可保证各种营养的摄取，还可起到蛋白质互补的作用，充分吸收食物的营养，对新妈妈身体的恢复很有益处。

适量吃些补血和益智的食物

新妈妈分娩后半个月，伤口逐渐愈合了，此时可以适量吃一些调理气血的食物，如黑豆、紫米、红豆、猪肝、动物血、红枣、番茄、木耳、荠菜等。

哺乳妈妈还要多吃些有利于宝宝大脑发育的食物，如鸡蛋、燕麦、小米、黄豆、黑豆、核桃、松子、花生、虾、贝类、海鱼、海带等。

多吃优质蛋白质食物助泌乳

哺乳的新妈妈应先通过饮食催乳。足量、优质的蛋白质摄入对哺乳期妈妈和宝宝都非常重要，新妈妈每天应摄取优质蛋白质 80 克左右。鱼类、禽类、蛋类、瘦肉、大豆类、奶制品等是优质蛋白质的良好来源。

关键的产后第1周，喝对汤给身体打下好底子

恢复体力

新妈妈的身体状况

- 随着雌激素和孕激素骤降，泌乳素增加，新妈妈乳房开始充盈、变硬，触之有硬结，随之有乳汁分泌。
- 子宫颈充血、水肿，变得非常柔软，子宫颈壁也很薄，皱起来如同一个袖口。
- 下腹正中线的色素沉着会逐渐消失，但是腹部、臀部出现的紫红色妊娠纹可能会变成永久性的银白色妊娠纹。
- 外阴因分娩压迫、撕裂而产生水肿、疼痛，这些症状在产后数日会消失。分娩造成阴道腔扩大，阴道壁松弛且肌张力低下，产后阴道腔会逐渐缩小，阴道壁肌张力逐渐恢复。

饮食重点

顺产的新妈妈如果有胃口，在生产结束 2 小时后就可以进食了。产后新妈妈气血损耗大，生产过程中出汗较多，在可以进食时要选择营养好、易消化的流质食物，以免对胃肠造成负担，同时，流质食物还能为身体补充水分，如藕粉、小米粥等。

怎么喝汤

母鸡肉中含有一定量的雌激素，因此，产后立即吃老母鸡会使产妇血液中雌激素的含量增加，抑制泌乳素的分泌，从而导致产后乳汁不足，甚至回奶。所以，产后不应急于喝老母鸡汤，可以喝一些蔬菜汤等。

藕粉羹

材料 藕粉 50 克。

调料 白糖 2 克。

做法

1. 将藕粉倒入小锅中，加适量开水冲一下。
2. 锅置火上加热，一边加热一边搅拌。煮沸时加入白糖，搅匀即可。

功效 藕粉易消化，又能补充热量。

蛋花汤

材料 鸡蛋 1 个。

调料 盐 1 克。

做法

1. 鸡蛋打入碗中，加盐搅匀。
2. 锅置火上，放适量清水煮开，放入鸡蛋液，煮开即可。

功效 鸡蛋营养丰富，含有蛋白质、脂肪、卵磷脂、维生素、铁、钙、钾等，且味道鲜美。

多彩蔬菜羹

材料 大白菜 100 克，胡萝卜 50 克，油菜 80 克，鲜香菇 3 朵。

调料 葱末 3 克，盐 1 克，水淀粉适量。

做法

1. 大白菜、油菜择洗净，切末；胡萝卜洗净，切末；鲜香菇洗净，去蒂，放入沸水中焯烫 1 分钟，捞出，切末。
2. 锅置火上，倒油烧至七成热，炒香葱末，放入胡萝卜末略炒后倒入适量清水，煮至胡萝卜八成熟，下入大白菜末和油菜末煮至断生，加香菇末，用盐调味，用水淀粉勾薄芡即可。

功效 这款蔬菜羹富含维生素、矿物质，对产后恢复体质、增强抵抗力有益。

唤醒肠胃

新妈妈的身体状况

- 产后 2~3 天内，妈妈会出现多尿的情况，这是因为怀孕后期身体潴留的大量水分需要排出，此时身体正在排毒。
- 产后 1~4 天内排出的恶露量多，色鲜红，含血液、蜕膜组织及黏液，稍多于月经量，有时还带有血块，这叫血性恶露。此时恶露增多是正常现象，新妈妈不要太过担心，避免影响正常的饮食和泌乳。

饮食重点

产后第 2 天，新妈妈的肠胃功能尚未恢复，仍然要以清淡、易消化的流质食物为主。此时除了喝粥外，还可以吃点煮得软烂的面条，或吃点鸡蛋羹等，补充体力。

这时新妈妈要注意保暖，多吃温补性甘、能增加人体造血功能的食物，如红枣、小米、核桃等。进补要适量，只有营养均衡、搭配合理，才能达到食补的目的。

怎么喝汤

新妈妈尽量不要吃太油腻的东西，做汤时应少放糖、盐、味精等调料，避免用燥热的材料。新妈妈喝汤要去油，如鸡汤可以把鸡皮去掉后再炖，或者炖好后将浮油去掉。鱼汤、瘦肉汤不太油腻，更适合新妈妈。其实营养多在汤渣里，喝汤同时还要吃汤渣，这样才能摄入更多的营养。

牛奶玉米汤

材料 鲜牛奶 500 克，熟甜玉米粒 150 克。

做法

1. 甜玉米粒洗净，煮熟。
2. 锅中倒入牛奶烧开，倒入熟甜玉米粒，略煮，关火。

功效 牛奶玉米汤可健脾开胃，对产后脾胃气虚、气血不足的新妈妈尤为适用。

疙瘩汤

材料 面粉 50 克，鲜香菇 30 克，鸡蛋 1 个，虾仁、菠菜各 20 克。

调料 盐 1 克，香油少许，高汤适量。

做法

1. 虾仁去虾线，洗净，切碎；鲜香菇洗净，切丁；鸡蛋取蛋清，与面粉、适量清水和成面团，揉匀，擀成薄片，切成小丁，撒入少许面粉，搓成小球；蛋黄打成蛋液；菠菜择洗净，焯水，切段。
2. 锅中放高汤、虾仁碎、面球煮熟，加蛋黄液、盐、香菇丁、菠菜段煮熟，最后淋香油即可。

三色玉米甜羹

材料 嫩玉米粒 200 克，青豆 50 克，枸杞子 10 克，菠萝 1/4 个。

调料 盐、冰糖、水淀粉各适量。

做法

1. 嫩玉米粒洗净，上蒸锅大火蒸熟，凉凉后捣碎；青豆与枸杞子分别洗净；菠萝去皮，切小丁，泡入盐水片刻。
2. 锅中加入适量清水烧开，倒入冰糖、玉米粒、枸杞子、菠萝丁、青豆，大火煮约 10 分钟，用水淀粉勾芡即可。

功效 玉米可健脾开胃、益肺宁心，搭配青豆、菠萝，不仅口味香甜，开胃消食的效果更佳。

利水消肿

新妈妈的身体状况

- 产后 2~3 天，乳房胀大发硬，有发热的感觉，开始分泌乳汁。最初分泌的乳汁为淡黄色，以后变为白色。
- 乳汁的分泌量与宝宝的吸吮能力成正比。当妈妈的身体做好哺乳的准备时，膨胀的血管和充足的乳汁可能会暂时让你的乳房感到疼痛、肿胀，最初的几天频繁给宝宝喂奶，有助于缓解这些不适感。

饮食重点

产后第 3 天，新妈妈尚处于身体恢复期，肠道功能也较弱，最好继续进食易于消化的流质或半流质饮食，比如小米粥、瘦肉粥、蒸鸡蛋、蔬菜汤等。比较油腻、大补的食物仍不宜食用，比如浓鸡汤。也不要吃刺激性的食物，过酸、过辣都不行。

怎么喝汤

这时产后恶露增多，新妈妈可以适当多吃一些有助于排出恶露的食物，如紫菜鸡蛋汤、丝瓜蛋汤、瘦肉豆苗汤等，也有利于消肿。在下奶之前千万别喝催奶汤，否则会使乳汁下来过快过多，致使妈妈乳腺管堵塞。为避免新妈妈因生活出现大变化而心情压抑或抑郁，可以多摄取富含钾、镁、锌、B 族维生素的食物。

紫菜鸡蛋汤

材料 鸡蛋 1 个，紫菜 10 克，虾皮 5 克。

调料 香菜、葱花、盐、香油各适量。

做法

1. 先将紫菜切（撕）成片状；鸡蛋打匀成蛋液，在蛋液里放一点盐，搅匀。
2. 锅里倒入清水，待水煮沸后放入虾皮略煮，再倒入鸡蛋液，搅拌成蛋花，放入紫菜，用中火继续煮 3 分钟。
3. 出锅前撒上香菜、葱花，淋入香油即可。

功效 紫菜中丰富的胆碱成分有增强记忆的作用，还有很好的利尿作用，这道汤清淡可口，符合本周新妈妈饮食要清淡的原则。

消肿补虚

三角面片汤

材料 小馄饨片 50 克，青菜 30 克，高汤 100 克。

做法

1. 青菜洗净，切碎；小馄饨片用刀拦腰切成两半后成小角状。
2. 锅中放高汤煮开，放入三角面片，煮开后放入青菜碎，煮至沸腾即可。

功效 青菜富含维生素和矿物质，能补充人体所需的胡萝卜素、钙、铁等，搭配馄饨片有助于增强体力和免疫能力。

栗子白菜汤

材料 白菜 300 克，鲜香菇 2 朵，栗子 5 颗。

调料 姜片、葱花、盐、香油各适量。

做法

1. 白菜择洗净，切成长条；香菇洗净，切成条；栗子用热水焯烫，剥去外壳，切两半。
2. 锅中倒油烧热，放入葱花、姜片炒香，放入清水、香菇条、栗子，煮至八成熟，放入白菜条煮熟，调入盐、香油即可。

功效 这道汤具有健脾补肾、清肺热、利尿等功效，非常适合冬季食用。

促进排气

新妈妈的身体状况

- 剖宫产与正常生产相比，新妈妈身体发生了明显的变化，如子宫受到创伤，手术中失血，妈妈精神疲惫，脑垂体分泌泌乳素不足，影响乳汁正常分泌等，因此剖宫产新妈妈更应该注意调养身心。
- 剖宫产因有伤口，同时产后腹压突然减轻，腹肌松弛、肠蠕动缓慢，易便秘，饮食的安排应与顺产的妈妈有差别。

饮食重点

剖宫产术后 6 小时内新妈妈应当禁食，否则可能导致腹胀、腹压升高，不利于康复。正常排气后，可以进食一些富有营养且易消化的汤粥类流食。

术后 12 小时，可吃点细软的面条，但还是不要急着喝牛奶、吃含糖的食物，这类食物容易产气，会影响伤口愈合。同时在床上轻微活动下肢，以增强肠蠕动，促进排气，减少腹胀。

怎么喝汤

剖宫产手术 6 小时后，可以喝些促进排气的汤水，如萝卜汤等，以增强肠蠕动、促进排气，减少腹胀，并使大小便通畅。

小米汤

材料　小米 50 克。

做法

1. 小米洗净，倒入锅中。
2. 锅中加水，水是小米的 5~6 倍，水太少会很稠。大火熬制 45 分钟，转小火熬制 15 分钟，关火，闷上 15 分钟即可。

Victoria... ...age
Vintage Antique Style

大米汤

材料 大米50克。

做法

1. 大米淘洗干净，加水大火煮开，转为小火慢慢熬制。
2. 熬好后，放置4分钟，用勺子舀去上面不含饭粒的米汤，放温即可。

功效 大米汤易消化，对剖宫产新妈妈前两天来说是极好的调养食物。

挂面汤

材料 鸡蛋挂面40克。

做法

挂面在开水中煮约15分钟，舀汤，凉温即可食用。

剖宫产后第2天 缓解疲劳

新妈妈的身体状况

- 今天剖宫产妈妈的疼痛感仍较重，乳房也会隐隐发胀，医生会鼓励新妈妈给宝宝喂奶。
- 喂奶会加速子宫的收缩，从而带来阵阵疼痛，恶露也会比较多，因此新妈妈会感到腰使不上劲，酸胀难受，坐一会儿就累了。

饮食重点

如果剖宫产妈妈已经排气，则可以吃流质食物了，如稀米粥、蛋羹、蛋花汤。但应注意依然不要吃不易消化的食物，如牛奶、甜豆浆、浓糖水等。要注意休息，不要长时间抱宝宝，喂奶的时间也不要太长，避免久坐。

怎么喝汤

产后第 2 天，剖宫产新妈妈的肠胃功能尚未恢复，仍然要以清淡、易消化的流质食物为主，可以喝点营养易吸收的鸡蛋汤。

还可以用动物血做汤来补血。铁是促进血液中血红素形成的主要成分之一，血红素可使皮肤红润有光泽，因此新妈妈的膳食中富含铁元素的食物必不可少，如动物肝脏、动物血、瘦肉、海带、芝麻、黑豆、绿叶蔬菜等。

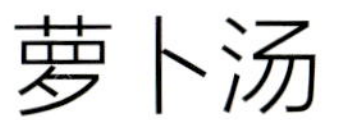

萝卜汤

材料 白萝卜 50 克。

调料 香菜末适量，盐 1 克。

做法

1. 白萝卜洗净，去皮，切小片。
2. 锅内倒入开水，放入白萝卜片，煮熟后加盐调味，最后撒香菜末即可。

功效 白萝卜可促进排气，提高免疫力。

海带鸡蛋汤

材料 海带 50 克，鸡蛋 1 个。

调料 淀粉 7 克，高汤适量。

做法

1. 海带洗净，切丝；鸡蛋打在碗内搅匀。
2. 锅置火上，加高汤烧开，把海带丝放入锅中。
3. 烧开后倒入鸡蛋液，撒淀粉，勾芡出锅即可。

功效 这道汤不仅可提供充足的蛋白质、钙、碘，而且有排毒、补虚的功效。

鸡蛋面片汤

材料 面片 150 克，番茄 100 克，鸡蛋 1 个。

调料 盐、葱花各适量。

做法

1. 番茄去皮、切丁；鸡蛋打散。
2. 锅置火上，倒油，放入葱花爆香，倒入番茄丁，翻炒一会儿，添适量水烧开。
3. 淋入蛋液煮熟，放入面片煮熟，加盐调味即可。

提升食欲

新妈妈的身体状况

- 产后第 3 天，妈妈基本适应了宫缩的疼痛。护士会通过给妈妈伤口换药，了解伤口有无渗血、有无红肿发炎，及时了解妈妈的身体情况。在这个过程中，妈妈会感到小小的不适感，但是可以承受。
- 剖宫产妈妈伤口正处于恢复期，大笑、咳嗽、弯腰、起床等日常行为都会牵拉扯动伤口而引起疼痛。为了伤口的良好愈合，建议妈妈要尽量避免大笑，弯腰、起床时最好有人在身边帮忙。

饮食重点

产后第 3 天，可以增加食物种类，鱼肉、鸡肉等可以逐渐加进来，以获取更多的蛋白质；蔬菜富含各种维生素、矿物质、膳食纤维等成分，可以促进肠道蠕动，预防产后便秘，还能补充多种营养，但注意不吃凉拌菜。

怎么喝汤

剖宫产新妈妈泌乳时间要比顺产妈妈来得晚，分泌的量也会少一点，这是正常现象。剖宫产妈妈不要太紧张，否则会影响乳汁的正常分泌。

产后第 3 天，剖宫产妈妈可以喝些鱼汤、蔬菜汤，不要着急进食油腻的骨汤，以免乳汁分泌不畅，导致乳腺管堵塞。

适当多摄取一些富含蛋白质、铁、锌、B 族维生素、多不饱和脂肪酸等的食物，如海鱼、鸡蛋、深绿色蔬菜、红豆等，这些食物都有提升食欲、解压、促进睡眠的功效。

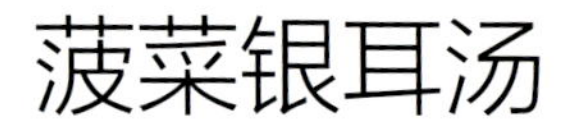

菠菜银耳汤

材料 菠菜 40 克，水发银耳 30 克。

做法

1. 将菠菜去根，洗净，切小段；将银耳洗净，沥干，撕小朵。
2. 砂锅加水，煮开，放入菠菜段稍烫，放银耳，煮 15 分钟即可。

鲫鱼丝瓜汤

材料 鲫鱼 1 条，丝瓜 200 克。

调料 姜片、盐各 3 克，料酒、胡椒粉各适量。

做法

1. 鲫鱼收拾干净，切小块，略煎；丝瓜去皮，洗净，切滚刀块。
2. 锅中加适量水，将丝瓜块、鲫鱼、姜片一起放入，倒入少许料酒，大火煮沸待汤白时，改用小火慢炖 15 分钟，至鱼肉熟，加盐、胡椒粉调味即可。

功效 乳腺增生与气滞血瘀有关，而丝瓜具有行气通络、化瘀散结的功效，能辅助消除乳房肿块，减轻乳腺增生引起的乳房胀痛。

鸡蓉玉米羹

材料 玉米粒 50 克，鸡胸肉 25 克，青豆 10 克。

调料 盐 1 克，水淀粉 10 克，葱花 5 克。

做法

1. 玉米粒、青豆分别洗净，沥干；鸡胸肉洗净，切碎。
2. 锅内倒油烧热，加鸡肉碎炒散，加入玉米粒、青豆和适量水煮 30 分钟，加盐调味，用水淀粉勾芡，撒上葱花即可。

功效 玉米可益肺宁心、健脾开胃，与鸡肉搭配，对改善气血不足、增强体质有益。

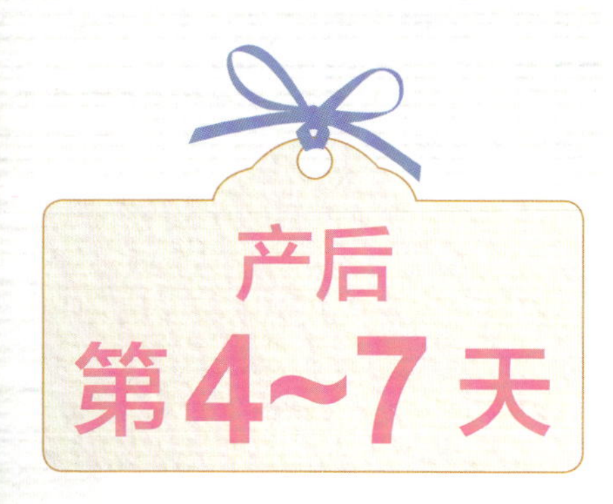

促进恶露排出

新妈妈的身体状况

- 产后，受到子宫压迫的肠胃终于可以“归位”了，肠胃功能进一步恢复，恶露的颜色也没有前几天那样鲜红了，而且伤口恢复得还不错，此时新妈妈的胃口也开始变得好起来。

饮食重点

新妈妈的饮食要合理搭配，荤素结合，适当吃一些新鲜蔬菜、瓜果，多吃富含膳食纤维的食物，如玉米面、红薯、芹菜、油菜、坚果等。

清晨喝一杯温水有助于通便，香油和黑芝麻等坚果种子也有润肠通便作用，产后宜适当食用。

怎么喝汤

生化汤能生血祛瘀，帮助排出恶露。但是产后不宜立即服用，一般顺产产妇在产后第 2 ～ 3 天可以饮用，剖宫产产妇最好产后 7 天再开始饮用。生化汤要温热饮用，且不宜长时间服用，以 7 ～ 10 天为宜，不要超过 2 周。

荤素搭配，提高蛋白质的吸收率。为了增加热量，促进母乳的分泌，新妈妈在月子里往往吃得比较“横”，反而忽视了蔬果的摄入。产后要恢复身体及哺乳，食用产热高的肉类食物是必需的，但蛋白质、脂肪及糖类的代谢必须有其他营养素的参与，过于偏食肉类食物反而会导致其他营养素的不足。

核桃莲藕汤

材料 莲藕 200 克，核桃仁 50 克。

调料 红糖适量。

做法

1. 莲藕去皮，洗净，切片；核桃仁洗净，拍碎。
2. 莲藕片、核桃仁碎放入汤锅中，加入适量清水煮沸，加入红糖调味即可。

功效 核桃富含卵磷脂、蛋白质和维生素 E 等，对肾虚、肺虚等症有益，产后气血不足者可多食。

苦瓜排骨汤

材料 益母草、鱼腥草各 15 克，苦瓜、排骨各 200 克。

调料 姜片 5 克，盐 2 克。

做法

1. 将益母草、鱼腥草择洗净，放入纱布袋中；将苦瓜去子，洗净，切块，加盐腌渍片刻后洗净；将排骨洗净，切段。
2. 将装有益母草、鱼腥草的纱布袋、排骨、苦瓜块、姜片放入砂锅中煲熟，加盐调味即可。

功效 益母草可活血调经、利尿消肿；鱼腥草可清热解毒、消痈排脓、利尿通淋。二者与排骨搭配，可清热、利尿、提高乳汁质量。

苋菜黄鱼羹

材料 黄鱼肉 300 克，苋菜 150 克，冬笋 50 克。

调料 盐 3 克，鱼高汤、料酒、姜末、水淀粉各适量。

做法

1. 将黄鱼肉洗净，切丁；冬笋洗净，切丁；苋菜取嫩叶洗净，切末备用。
2. 锅置于火上，放入鱼高汤、盐、料酒、姜末，再放入鱼丁和笋丁，烧沸后撇去浮沫，用水淀粉勾芡，随即把苋菜末放入锅中搅匀即可。

功效 黄鱼含丰富的蛋白质、矿物质和维生素，可补虚强体，对产后贫血、体虚都有良好的食疗作用。

红豆百合莲子汤

材料 红豆60克，莲子（去心）、百合各10克。

调料 陈皮2克，冰糖5克。

做法

1. 红豆和莲子分别洗净，莲子浸泡2小时；百合泡发，洗净；陈皮洗净。
2. 锅中倒水，放入红豆大火烧沸后转小火煮约30分钟，放入莲子、陈皮煮约40分钟，加百合继续煮约10分钟，加冰糖煮至化开，搅匀即可。

功效 红豆可利尿消肿，对产后水肿有一定的疗效。与百合、莲子搭配，还可养心安神。

红枣党参牛肉汤

材料 红枣4枚，党参15克，牛肉200克。

调料 盐3克，姜片10克，香油少许，牛骨高汤适量。

做法

1. 红枣洗净，去核；党参、牛肉分别洗净，切片。
2. 将红枣、党参片、牛肉片放入锅中，放牛骨高汤，加姜片，大火烧沸，然后改用中火煲1小时，加盐调味，滴上香油即可。

功效 党参可补中益气，和胃生津；红枣、牛肉有助于辅治产后贫血，同时，红枣还可以抗过敏、宁心安神。

产后开奶按摩

开奶就是给宝宝的第一次喂奶，不论是顺产妈妈、侧切妈妈还是剖宫产妈妈，产后 30 分钟内是给宝宝喂奶的黄金时段。开奶越早，妈妈的乳房越不易胀痛，而开奶太晚，乳汁积聚在乳房里没有及时被吸出来，会导致乳汁淤积，乳房胀痛难忍。

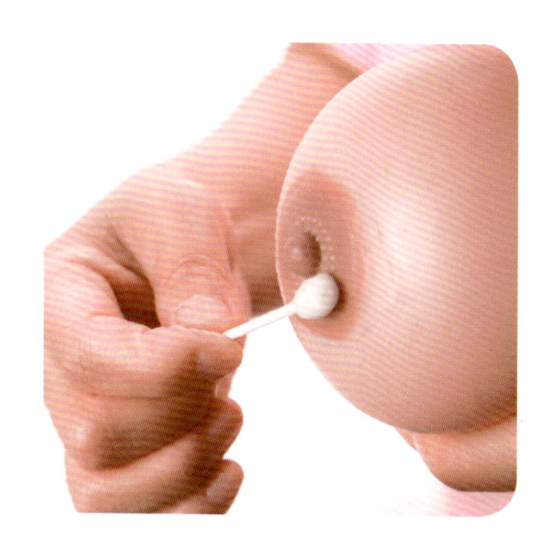

1

把一条干净的毛巾放到 50~70℃的热水里浸湿，热敷乳房 5~10 分钟。热敷时用医用棉签蘸些植物油轻轻擦拭乳头，软化乳头上的残留物，然后将其轻轻擦拭掉。

2

热敷后，避开乳头在整个乳房涂上适量按摩油，用双手避开乳头以打圈的方式按摩 5~10 圈；再双手轮流从乳房底部向乳头方向轻轻梳 1 分钟，再用手掌大鱼际在乳房四周环形揉 3~5 圈。再换另一侧乳房重复步骤。

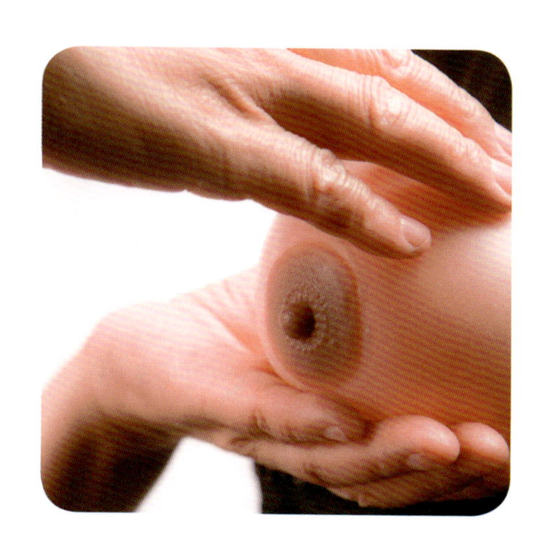

小贴士

按摩乳房时须顺着乳腺管方向，从乳房外侧向着乳头的方向按摩，力度要适中，切忌粗暴蛮揉，以免损伤乳腺管。

产后前 2~3 天新妈妈奶水少是正常的，因为此时乳腺管还未完全畅通，新妈妈要树立母乳喂养的信心，尽早开奶，多让宝宝吸吮，饮食应以清淡为主。

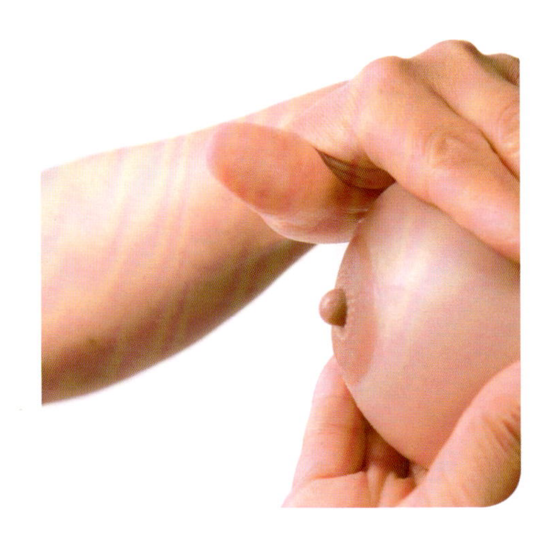

3

一手托起乳房，一手从乳房底部向乳头方向沿着乳腺管轻轻揉 1 分钟左右，再点按乳房及周围的穴位。换另一侧重复步骤。

4

最后，将拇指和食指呈 U 形放在乳晕周边，采用十字变换位置，轻轻挤压乳晕，初乳随即泌出。按摩完毕后清洁乳房即可。

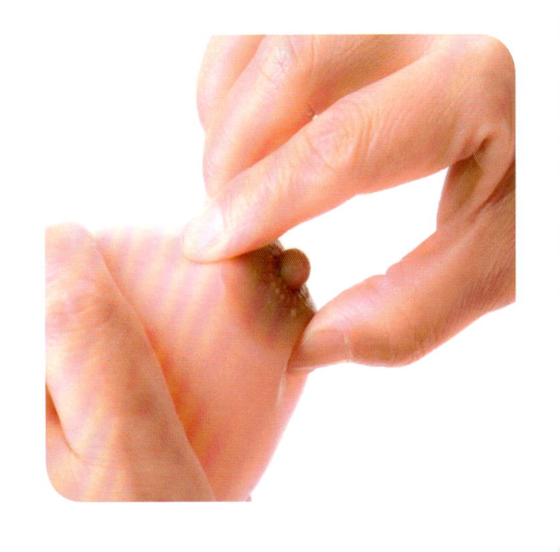

Part 3

幸福完美坐月子，周周好汤不重样

强腰固肾、催乳

新妈妈的身体状况

- 产后第 2 周，肠胃已经慢慢适应了产后的状况，但是对于非常油腻的食物多少还有些消化不良。
- 恶露明显减少，颜色也由暗红色变成了浅红色，有点血腥味，但不臭。新妈妈要留心观察恶露的质和量、颜色及气味的变化，以便掌握子宫恢复情况。
- 便秘的困扰少了许多。
- 到第 2 周，子宫颈内口会慢慢关闭。

饮食重点

本周新妈妈身体恢复的重点在于收缩子宫与骨盆腔，着重骨盆腔复旧，预防腰酸背痛。中医素有“以形补形”的食疗理论，建议此时新妈妈多吃猪腰、羊腰等，还可以吃点补肾的食物，如枸杞子、山药、茯苓等，帮助内脏和骨盆腔收缩，减轻腰酸背痛。

怎么喝汤

很多新妈妈已经开始正常哺乳，这时可以喝些催奶汤了，但是摄取催奶汤要循序渐进，因为大量食用油腻的催奶汤可能会造成上火或者乳腺发炎。食物要遵循“产前宜清，产后宜温”的原则。

适宜食物有：猪蹄、乌鸡、鱼、鸡蛋、红豆、芝麻、银耳、核桃、玉米、牛奶等。

常用催乳食谱：花生猪蹄汤、山药百合鲈鱼汤、海带豆腐汤、酒酿蛋汤、黑芝麻花生粥、核桃枸杞紫米粥等。

参竹银耳汤

材料 海参 50 克，红枣、干银耳各 15 克，竹荪、枸杞子各 10 克。

调料 盐 1 克。

做法

1. 海参、竹荪用清水泡发洗净，切丝；红枣去核，洗净，稍浸泡；银耳泡发，去蒂，洗净，撕成小朵。
2. 锅中倒适量水，放银耳、海参丝，大火煮沸改小火煮 20 分钟，加枸杞子、红枣、竹荪丝煮 10 分钟，加盐调味即可。

木耳腰片汤

材料 猪腰 150 克，水发木耳 100 克。

调料 高汤、料酒、姜汁、盐、葱花各适量。

做法

1. 猪腰洗净，除去薄膜，剖开去臊腺，切片；水发木耳洗净，撕成小片。
2. 锅置火上，加水煮沸，加入料酒、姜汁、腰片，煮至颜色变白后捞出，放入汤碗中。
3. 锅置火上，注入高汤煮沸，下入水发木耳，加盐调味，煮沸后起锅倒入放好腰片的汤碗中，撒上葱花即可。

山药百合鲈鱼汤

材料 鲈鱼肉 100 克，山药 40 克，干百合 5 克，枸杞子少许。

调料 姜片、盐各适量。

做法

1. 干百合浸泡 20 分钟；山药洗净，去皮，切小块；鲈鱼肉洗净，切块；枸杞子洗净。
2. 油锅烧热，放入鲈鱼块略煎，皮微黄即可。
3. 砂锅中倒入适量开水，放入煎好的鲈鱼块、山药块、百合、枸杞子和姜片，以小火煮 40 分钟，放盐调味食用。

桂圆红枣乌鸡汤

材料 净乌鸡1只，枸杞子10克，红枣8枚，桂圆3颗。

调料 姜片、葱段、盐各适量。

做法

1. 净乌鸡洗净；将红枣、枸杞子洗净。
2. 将红枣、枸杞子、葱段、姜片纳入乌鸡腹中，放入炖盅内，加水适量，大火烧开，改用小火炖至乌鸡肉熟烂后，加盐即可食用。

催乳、通便

猪蹄花生汤

材料 净猪蹄500克，花生米50克，枸杞子5克。

调料 盐3克，料酒15克，葱段、姜片各5克。

做法

1. 猪蹄洗净，剁块，焯水；花生米泡水30分钟。
2. 汤锅加清水，放入猪蹄块及料酒、葱段、姜片，大火煮开，小火炖1小时，放入花生米再炖1小时，加枸杞子同煮10分钟，加入盐调味即可。

功效 猪蹄中含有较多的蛋白质、脂肪，有催乳和美容的双重作用；花生含有丰富的蛋白质、不饱和脂肪酸等，有润肺化痰、滋养调气的功效。

补肾壮骨

杜仲核桃猪腰汤

材料 杜仲、核桃仁各30克，猪腰1对。

调料 香油5克，盐3克。

做法

1. 猪腰洗净，从中间剖开，去臊腺，切成片；杜仲、核桃仁分别洗净。
2. 猪腰片、杜仲、核桃仁放入砂锅中，加入适量清水，大火烧沸，转小火炖煮15分钟至熟，用盐、香油调味即可。

功效 杜仲猪腰汤具有补肾气、强筋骨、通膀胱、消积滞、止消渴之功效，可辅助治疗产后肾虚腰痛、水肿等症。

促进代谢

新妈妈的身体状况

- 乳房开始变得饱满，清淡的乳汁渐渐浓稠起来。
- 子宫收缩基本完成，已经回到骨盆内，最重要的是子宫内的积血快完全排出了，而此时雌激素的分泌特别活跃。
- 本周恶露是白色的，要注意会阴的清洗和保护，因为白色恶露还会持续 1~2 周。
- 会阴侧切的伤口已经没有明显的疼痛感了，但剖宫产新妈妈的伤口还是会偶尔出现疼痛。但只要不是持续疼痛，没有渗液，基本上再过 2 周就可以完全恢复正常了。
- 有妊娠纹的新妈妈会发现这一周妊娠纹变淡了。

饮食重点

此时是补气血的最佳时机，进入调节进补期，新妈妈的膳食应均衡、多样而充足；主副食合理配比、粗细粮搭配；充足的蛋白质，足够的新鲜蔬菜和适量水果；注意补铁，多食用瘦肉、牛奶、奶酪等富含钙和铁的食物。

合理摄入热量，新妈妈产后前 2 周精神欠佳，这时已有所好转，需要摄入较多热量以满足活动所需，但同时也要谨防热量过剩，可适当增加谷类、大豆、坚果类的摄入。

怎么喝汤

新妈妈的内脏功能已经逐渐恢复到孕前状态，这时需要更多的养分以促进代谢。双红乌鸡汤、花生红枣莲藕汤、核桃仁莲藕汤等汤品有助于滋补元气。也可采用滋补的药膳，如黄芪乌鸡汤、牛蒡鸡腿煲等。

芡实薏米老鸭汤

材料 芡实 25 克，薏米 40 克，净老鸭半只。

调料 盐 3 克。

做法

1. 薏米洗净，浸泡 3 小时；老鸭洗净，剁成块。
2. 将老鸭放入砂锅内，加适量清水，大火煮沸后加入薏米和芡实，小火炖煮 2 小时，加盐调味即可。

功效 薏米、芡实都有健脾益胃的功效，二者与老鸭一起煲汤最适合秋季产后食用。

芝麻枸杞煲牛肉

材料 牛肉300克，黑芝麻10克，枸杞子15克。

调料 花生油8克，水淀粉15克，料酒、酱油、盐各适量。

做法

1. 牛肉洗净，切片，放入碗中，加入料酒、酱油、花生油、水淀粉腌制入味。
2. 黑芝麻用水洗净，放入热锅中，用小火迅速炒匀，待炒出香味后盛出碾碎备用。
3. 牛肉片、黑芝麻一起放入砂煲中，加沸水适量，大火烧开后转小火继续煲2小时，加枸杞子再煮10分钟，调入盐即可。

黄芪乌鸡汤

材料 乌鸡300克，黄芪、胡萝卜各30克，枸杞子10克。

调料 盐2克。

做法

1. 乌鸡治净，焯去血水；黄芪切片；胡萝卜去皮，洗净，切片；枸杞子洗净。
2. 乌鸡、黄芪片、胡萝卜片、枸杞子放入炖盅中。
3. 将盐用水化开，浇在乌鸡、黄芪片、胡萝卜上，上锅蒸50分钟即可。

功效 黄芪乌鸡汤具有补中益气、补血的功效，有助于促进新陈代谢。

蛤蜊排骨汤

材料 蛤蜊、排骨各 200 克，山药 100 克，枸杞子 15 克。

调料 姜丝、盐各适量。

做法

1. 排骨洗净，剁成块，用开水焯烫；蛤蜊洗净；山药去皮，切块。
2. 换锅加水，放入排骨、山药块，大火煮沸后转小火炖 1 小时，放入枸杞子、蛤蜊、姜丝，待蛤蜊张开口，加盐调味即可。

功效 滋阴生津、软坚散结、利小便，排骨可补充钙质、蛋白质。二者搭配可改善产后肝肾阴虚，烦热盗汗。

木耳豆腐汤

材料 干木耳 10 克，豆腐 200 克。

调料 盐 2 克。

做法

1. 木耳用温水泡发，择洗干净，撕成小块；豆腐切片，放入沸水中焯一下。
2. 锅中放入适量水，大火烧开，放入木耳和豆腐片，炖 10 分钟后加入盐调味即可。

功效 木耳有清胃涤肠的作用，和富含蛋白质的豆腐搭配做汤，营养更佳。

虾仁鱼片炖豆腐

材料 鲜虾仁 100 克，鱼肉 50 克，嫩豆腐 200 克，青菜心 30 克。

调料 盐 2 克，葱末、姜末各 3 克。

做法

1. 将虾仁、鱼肉洗净，鱼肉切片；青菜心洗净，切段；嫩豆腐洗净，切成小块。
2. 锅置火上，放油烧热，下葱末、姜末爆锅，再下入青菜心稍炒，加水，放入虾仁、鱼肉片、豆腐块稍炖一会儿，加入盐调味即可。

功效 鱼肉、虾仁肉质细嫩鲜美、营养丰富、脂肪和热量低，是蛋白质、矿物质的良好来源。豆腐含有丰富的蛋白质、钙、大豆异黄酮。

调养气血

新妈妈的身体状况

- 恶露逐渐消失，分泌出和妊娠前相同的白带。
- 子宫体积、功能仍然在恢复中，子宫颈在本周会完全恢复至正常大小。
- 耻骨恢复正常，性器官恢复到孕前状态。
- 妊娠纹的颜色变浅。
- 除了一些简单轻巧的家务活外，新妈妈可以开始做一些产后恢复锻炼。

饮食重点

由于身体、胃口已经恢复得比较好，这时饮食上应注重营养的全面均衡，多吃新鲜的水果和蔬菜，并注意主副食的合理配比、粗细粮科学搭配。

可以恢复正常的一日三餐，避免暴饮暴食。

晚上不宜吃消夜，避免脂肪堆积，引起发胖。

怎么喝汤

产后第 4 周喝汤的关键词是“养”，即温中益气、滋养泌乳、调养体力、恢复元气、养血补血。新妈妈已经恢复生理功能，可以开始全面进补了。

这一时期是产妇进补的最佳时机，新妈妈可以喝一些进补的汤，以帮助调养气血。

牛肉山药枸杞汤

材料 牛腱子肉 200 克，山药 100 克，莲子 15 克，桂圆肉、枸杞子各 10 克。

调料 盐 4 克，葱段、姜片、料酒、清汤各适量。

做法

1. 将牛腱子肉洗净，切块，焯水后捞出沥干；莲子、枸杞子用温水泡软；山药洗净，去皮，切块。
2. 砂锅内倒入清汤，放入牛腱子肉、葱段、姜片，大火烧开后加入料酒，改小火炖 2 小时，放入山药块、莲子、枸杞子、桂圆肉，小火炖 30 分钟，加盐调味即可。

萝卜丝鲫鱼汤

材料 净鲫鱼 1 条，白萝卜 200 克，火腿 10 克。

调料 料酒 5 克，胡椒粉、盐各 3 克，葱段、姜片各 4 克。

做法

1. 白萝卜洗净，去皮，切丝，放入沸水中焯一下，捞出冲凉；火腿洗净，切丝。
2. 锅内放油烧热，爆香葱段、姜片，放鲫鱼略煎，加适量清水，加白萝卜丝、火腿丝烧开，转中小火煮至鱼汤呈乳白色，加盐、料酒、胡椒粉，煮开即可。

功效 鲫鱼有益气健脾、消润胃阴、利尿消肿的功效，白萝卜对食欲减退、咳嗽痰多等都有食疗作用。二者搭配，可还可预防产后肥胖。

红枣羊腩汤

材料 羊腩 200 克，红枣 8 枚。

调料 盐 3 克，料酒 15 克，胡椒粉少许。

做法

1. 将羊腩洗净，切小块，放入锅中，倒入适量清水，用大火略煮片刻，去除血水，捞出沥干。
2. 将红枣洗净，去核。
3. 向锅中倒入适量清水，放入羊腩块和红枣，加料酒炖约 50 分钟，加盐、胡椒粉调味即可。

功效 羊肉可益气补虚、帮助消化，对产后身体虚亏有补益效果；红枣可养血安神、补益脾胃。红枣羊腩汤是产后气血虚弱者的调养佳品。

宫廷鸡汤

材料 老母鸡1只，枸杞子10克，红枣3枚。

调料 姜片、盐、香葱末各适量。

做法

1. 老母鸡治净，切块；枸杞子、红枣分别洗净。
2. 老母鸡整只放入锅里，加入水没过鸡身，放入姜片，大火煮沸，撇去浮沫，加入红枣，小火慢炖3小时，加枸杞子、用盐调味，撒入香葱末即可。

功效 鸡肉富含蛋白质，有增强体力、强壮身体的作用，可改善产后乳少、消渴、水肿等症状。

黑豆乌鸡汤

材料 乌鸡1只，黑豆100克，小枣8枚。

调料 盐3克，姜片5克。

做法

1. 乌鸡去杂，洗净；黑豆用锅炒至裂开，洗净，晾干；小枣洗净。
2. 锅置火上，加清水大火烧开，加入准备好的材料，放入姜片，煮沸后用中火煲至汤好，加入适量盐调味即可。

功效 这款汤可补肝肾、益精血，对产后缺铁性贫血、虚弱等有很好的改善作用，还能养颜、乌发、养心安神。

萝卜牛腩煲

材料 牛腩400克，胡萝卜、白萝卜各150克。

调料 葱段、姜片、蒜瓣各5克，盐、料酒各适量。

做法

1. 胡萝卜、白萝卜分别洗净，去皮，切滚刀块；牛腩洗净，切块，焯烫，沥水。
2. 锅内放油烧热，爆香葱段、姜片、蒜瓣略炒，放入牛腩块翻炒，加入适量开水，放入胡萝卜块、白萝卜块、料酒，大火煮沸后转中火熬煮2小时，加盐调味即可。

功效 牛腩具有补脾胃、益气血、强筋骨的功效，有助于改善中气不足、气血两亏、面浮腿肿等症状。

增强体质

新妈妈的身体状况

- 恶露已经消失，白带开始正常分泌。
- 子宫完全恢复到产前大小。
- 外阴部恢复到原来的松弛度，盆底肌接近于孕前的状态。
- 由于体内滞留的大量水分在前 3 周得到排出，此时排尿量恢复正常。

饮食重点

这一周，新妈妈的身体基本复原，进补可以适当减少，不要补过头，但也不必一味节制。

依然要保证营养均衡，肉、蛋、奶、蔬菜、水果、坚果、谷类都要适量摄入。保证水果和蔬菜的供应，减少油脂类食物的摄入。

怎么喝汤

产后第 5 周，新妈妈的身体各项功能趋于正常，本周是新妈妈调理体质的黄金时期。新妈妈要多吃些绿色、健康的食物，适当减少高脂肪、高热量的食物摄入，帮助新妈妈增强体质。

四果炖鸡

材料 鸡肉300克，猪瘦肉100克，木瓜、苹果、雪梨各半个，干无花果20克，水发香菇30克。

调料 盐适量，姜片5克。

做法

1. 木瓜洗净，去皮、去子，切块；苹果、雪梨分别洗净，去皮、去核，切块；鸡肉、猪瘦肉分别洗净，切块；香菇洗净，切小块；无花果洗净。
2. 鸡肉块、猪瘦肉块、木瓜块、苹果块、雪梨块、香菇块、无花果、姜片放入锅内，加入适量清水，大火煮沸后转小火煲2小时，调入盐即可。

中和汤

材料 老豆腐300克，河虾5只，竹笋半根，猪瘦肉100克，火腿30克，水发香菇4朵。

调料 鸡汤、盐、葱花各适量。

做法

1. 老豆腐洗净，切丁，焯水；竹笋去皮，洗净，切丁；猪瘦肉、火腿、水发香菇分别洗净，切丁；河虾去虾线，洗净。
2. 竹笋丁、瘦肉丁、火腿丁、水发香菇丁、河虾放入汤锅内，加入鸡汤没过食材，大火煮沸，撇去浮油，转小火炖1小时，加入豆腐丁，再炖15分钟，调入盐，撒入葱花即可。

南瓜鸡丝汤

材料 南瓜300克，鸡肉100克，柿子椒2个。

调料 盐、葱末、姜片、生抽、淀粉、水淀粉各适量。

做法

1. 鸡肉洗净，切片，加入淀粉、油、生抽拌匀，腌渍15分钟；南瓜洗净，去皮、去子，切块；柿子椒洗净，去蒂除子，掰成小块。
2. 锅中倒入油烧热，放入姜片爆香，放入鸡片略炒，出锅。
3. 另起汤锅，倒入适量清水，放入姜片，大火煮沸，放入南瓜块、鸡片，煮至南瓜熟透，用水淀粉勾芡，调入盐，撒上葱末即可。

丝瓜蛋花汤

材料 丝瓜 200 克，鸡蛋 1 个。

调料 盐、料酒、香油各少许，鸡汤适量。

做法

1. 丝瓜刮去外皮，切成 6 厘米长的段，再切成小条；鸡蛋磕入碗内，用筷子搅打均匀。
2. 锅置火上，倒油烧至六成热，倒入丝瓜条煸炒至变色，加鸡汤、盐和适量水烧沸，淋入鸡蛋液，加料酒，待开后淋入香油即可。

功效 这款汤可补虚健体、养心安神、通经活络、解暑除烦。

佛手猪肚汤

材料 猪肚 1 个，佛手 15 克。

调料 姜片 5 克，盐 2 克。

做法

1. 将猪肚去肥油，漂洗干净；佛手洗净，切片。
2. 姜片放在水锅中煮沸，放入猪肚，再煮沸，将姜片与猪肚捞出，猪肚切成小条。
3. 将佛手片、姜片、猪肚放入锅内，加适量清水，大火煮沸后转小火再煮 2 小时，加入盐调味即可。

功效 猪肚为补脾胃之要品，佛手有健脾益气的功效，此汤补虚益气，易于消化，符合新妈妈“重质不重量”的饮食原则。

肉骨茶汤

材料 排骨 200 克，鲜香菇 5 朵，豆泡 5 个，小油菜 1 棵。

调料 肉骨茶料包 1 包，蒜瓣、生抽、老抽、蚝油、料酒各适量。

做法

1. 香菇、豆泡、小油菜分别洗净；排骨洗净，切块，焯去血水，捞出洗净。
2. 锅中倒水煮开，放入肉骨茶料包，小火煮 30 分钟，放入排骨块、香菇、豆泡、蒜瓣，大火煮开后转小火煮 1 小时，调入生抽、老抽、料酒、蚝油，继续煮 20 分钟，放入小油菜稍煮即可。

关注瘦身

新妈妈的身体状况

- 本周大部分新妈妈除了感觉乳房时而胀痛外（这是因为要给宝宝哺乳了），身体其余部位已经和孕前没有什么区别了。
- 新妈妈的子宫内膜已经复原，子宫体积已经慢慢收缩到原来的大小，子宫已经无法摸到。
- 有些新妈妈已经开始来月经了。

饮食重点

到了第 6 周，瘦身应被新妈妈逐渐提上日程，此时应注重食物的质量，少食用高脂肪、不易消化的食物。多食用豆腐、冬瓜等营养丰富、低脂的食物，并注意适当补充水果。

怎么喝汤

新妈妈在产后几周食欲逐渐恢复正常，因为有产奶的需求，加上自身的营养需要，所以常常进补过度，使体内产生很多废物，这些废物大多需要通过肝脏代谢排出体外，这会增加肝脏负担。并且暴饮暴食还容易引发肥胖，对产后瘦身不利。新妈妈在月子里可少食多餐，饿了就吃，出月子以后逐渐恢复正常一日三餐的饮食习惯。

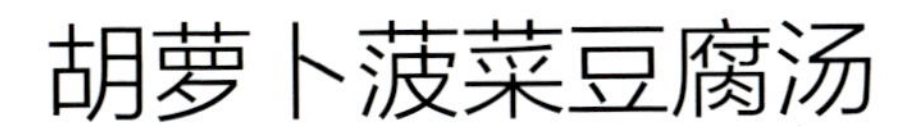

胡萝卜菠菜豆腐汤

材料 菠菜 50 克，胡萝卜 100 克，豆腐 200 克，鸡蛋 1 个。

调料 面粉、姜汁、料酒、盐各适量。

做法

1. 菠菜择洗净，焯水，切段；胡萝卜洗净，去皮，切块；豆腐焯水，捞出，沥水，放入碗中，加鸡蛋、面粉、料酒、盐搅拌成蓉。
2. 锅中加入清水、胡萝卜块，煮沸，放入豆腐蓉，待豆腐蓉浮起时放入菠菜段，稍煮，加盐调味，滴入姜汁即可。

清汤浸玉米豆腐

材料 豆腐 200 克，鲜玉米粒 50 克。

调料 姜片、盐、香油各适量。

做法

1. 豆腐洗净，切块；鲜玉米粒洗净。
2. 汤锅中倒入适量清水，放入姜片，大火煮沸，放入鲜玉米粒，转中火煮熟，改为小火，使汤处于微沸状态，放入豆腐块煮至熟，调入盐，淋入香油即可。

功效 玉米富含 B 族维生素，豆腐富含蛋白质，二者同食可提高营养吸收率。

番茄苦瓜玉米汤

材料 番茄、苦瓜各 100 克，玉米半根。

调料 盐、香油各适量。

做法

1. 苦瓜洗净，去瓤，切条；番茄洗净，切大片；玉米洗净，切小段。
2. 将玉米段、苦瓜条放入锅中，加适量水没过材料，大火煮沸后改小火炖 10 分钟后，加入番茄片继续炖，待玉米完全煮软后，加盐和香油调味即可。

功效 这款汤有促进食欲、帮助消化、避免产后肥胖的作用。

胡萝卜牛蒡排骨汤

材料 排骨 200 克，胡萝卜、牛蒡各 50 克，玉米 1 根。

调料 盐适量。

做法

1. 排骨洗净，切段，焯去血水，用清水冲洗干净；牛蒡去外皮，切成小段；玉米去皮，洗净，切小段；胡萝卜去皮，洗净，切块。
2. 排骨段、牛蒡段、玉米段、胡萝卜块放入锅中，加入适量清水没过食材，大火煮沸后转小火再炖 1 小时，加盐调味即可。

功效 牛蒡含有丰富的蛋白质、钙、维生素，与排骨、胡萝卜、玉米搭配，可促进新陈代谢，提高人体免疫力。

莲藕胡萝卜汤

材料 鲜藕200克，花生米20克，胡萝卜半根，鲜香菇3朵。

调料 高汤适量，盐3克。

做法

1. 鲜藕洗净，去皮，切块，用刀拍松；胡萝卜去皮，洗净，切滚刀块；花生米用温水泡开，去皮；香菇洗净，去柄，切块。
2. 锅置火上，倒植物油烧至六成热，放入香菇块煸香，放入胡萝卜块煸炒片刻，倒入高汤，大火煮沸后放入藕块、花生米，小火煲1小时，放入盐调味即可。

功效 这款汤有补脾健胃、补血养肝、排毒养颜的作用。

山药胡萝卜玉米羹

材料 玉米150克，山药、胡萝卜各80克，鸡蛋1个。

调料 葱花5克，盐3克，水淀粉适量。

做法

1. 玉米洗净，剥粒，捣成酱状；山药洗净，去皮，切小块；胡萝卜洗净，去皮，切丁；鸡蛋打散成蛋液。
2. 锅中倒入适量清水烧开，加入山药块、胡萝卜丁煮沸，加入玉米酱煮熟，用水淀粉勾芡，缓缓淋入蛋液，形成蛋花并浮起后加盐调味，撒入葱花即可。

功效 山药有固肾养肺、补脾益精的功效；玉米有利尿消肿、调中开胃、益肺宁心等功能。两者搭配，可促进消化，还能提升营养吸收率。

坐月子饮食 4 大误区

喝红糖水过多、过久

过多饮用红糖水，不仅会损坏新妈妈的牙齿，还会导致出汗过多，使身体更加虚弱，甚至会延长恶露排出时间，从而引起贫血。营养专家建议产后喝红糖水不宜超过 2 周。而且新妈妈不必局限于某一种补血食物，动物血、南瓜、葡萄和木耳等都是不错的补血食材。

产后大补

补品要因人而异，适当服用有益于新妈妈健康，但补得过多反而无益。比如桂圆性燥热，多食不利于瘀血的排出。新妈妈最好等产后恶露颜色不再鲜红后再吃桂圆。新妈妈滋补前最好咨询医生，再结合自身情况决定如何进补。

过早大量喝浓汤

产后立即喝大量的浓汤来催乳是不科学的，因为刚出生的宝宝吃得少，妈妈催乳过早容易导致乳房胀痛，反而影响哺乳。天天喝浓汤，过多的高脂肪食物会让新妈妈发胖，也会让宝宝难吸收，从而引起消化不良等症状。

一般在产后 1 周后喝浓汤为好，比较适宜的汤是富含蛋白质、维生素、钙、磷、铁、锌等营养素的汤，而且要保证汤和汤渣一块儿吃，才能真正摄取到全面的营养。

月子里吃太多鸡蛋

鸡蛋营养丰富，蛋白质易被身体吸收利用，适当食用对新妈妈身体十分有益。但是有的新妈妈一天吃四五个鸡蛋，这样不仅起不到滋补作用，反而会损害健康。

新妈妈产后胃肠道蠕动能力较差，胆汁排出受影响，鸡蛋如果过量食用，身体不但吸收不了，还会影响其他食物的摄取。过量的胆固醇对新妈妈的心血管健康有害，过量的蛋白质也会导致消化不良、增加代谢负担。一般每天吃 1~2 个即可。

Part 4

赞不绝口催奶汤，奶水多、不发胖

黄豆

补充钙和蛋白质，催乳又强体

黄豆是豆类中营养价值最高的，含有丰富的维生素及蛋白质，可以帮助产后的新妈妈提高免疫力。黄豆中含有的膳食纤维能够促进肠胃蠕动，帮助新妈妈避免便秘。黄豆中的铁元素含量也较高，能够辅助预防缺铁性贫血。黄豆还具有很强的催乳效果，是新妈妈月子期的滋补佳品。

黄豆猪蹄汤

材料 猪蹄 300 克，黄豆 80 克。

调料 姜片、料酒、盐、陈皮各适量。

做法

1. 猪蹄洗净，切小块，焯去血水，捞出沥干；黄豆洗净，用水浸泡 4 小时。
2. 锅内加入适量清水，放入猪蹄块、黄豆、姜片、陈皮、料酒，大火煮开后转小火煲约 2 小时，加盐调味即可。

功效 这款汤适合秋冬季滋补，具有通乳、气血双补、补虚养身等功效。

黄豆排骨汤

材料 猪排骨500克，黄豆50克，红枣5枚，泡发海带100克。

调料 姜片、盐各适量。

做法

1. 将猪排骨洗净，剁成块；黄豆、红枣、海带、姜片分别洗净，海带切片。
2. 锅中加适量清水，中火烧开，放入排骨、黄豆、海带、红枣、姜片，用小火煮2小时，加盐调味即可。

功效 排骨富含铁、锌等矿物质元素，与黄豆搭配，可增强体质，让人精力充沛。

黄豆白菜汤

材料 白菜300克，黄豆40克。

调料 葱花10克，姜块5克，盐2克，花生油15克。

做法

1. 将黄豆去杂质后洗净，用水浸泡4小时；白菜洗净，切成长段。
2. 将锅置大火上烧热，加入油烧至六成热，加入姜块、葱花爆香，再加入黄豆及清水，大火煮沸，转小火再煮20分钟。
3. 最后加入白菜段同煮，白菜熟透后加盐调味即可出锅。

红豆

补血增乳，改善产后水肿

红豆也叫赤小豆，主要成分为糖类、蛋白质，还含有丰富的维生素、矿物质和膳食纤维。

红豆具有催乳的功效，新妈妈宜多吃红豆。将红豆煮汤食用，对水肿、小便困难等有食疗作用。

花生牛奶红豆豆浆

材料 红豆 50 克，花生米 15 克，红枣 10 克，牛奶 100 克。

做法

1. 红豆用清水浸泡 4 ~ 6 小时，洗净；花生米挑净杂质，洗净；红枣洗净，去核，切碎。
2. 将上述食材倒入全自动豆浆机中，加水至上下水位线之间，按下“豆浆”键，煮至豆浆机提示豆浆做好，凉至温热后加牛奶搅拌均匀饮用即可。

红豆鲫鱼汤

材料 鲫鱼1条，红豆50克。

调料 葱段、姜片各3克，盐2克。

做法

1. 鲫鱼治净，用盐腌制10分钟，略煎；红豆洗净，用清水浸泡4小时。
2. 红豆放入锅内，加水，大火煮开后用小火煮。
3. 至红豆七成熟时，加入鲫鱼、葱段、姜片，大火煮开后换小火煮30分钟，加入适量盐调味即可。

功效 这道汤营养丰富，不仅可以帮助哺乳妈妈分泌乳汁，还能促进新妈妈伤口愈合。

红豆红薯汤

材料 红豆50克，红薯200克。

做法

1. 红豆洗净，用清水浸泡6小时；红薯洗净，去皮，切块。
2. 锅置火上，加入适量清水和红豆，大火煮开，转中火煮至红豆七成熟，加入红薯块，煮至红豆、红薯全熟即可。

功效 这款汤具有清热利湿、生津止渴、健脾益胃、利尿通便、补血养颜的功效。

豌豆

通乳、提高母乳质量

豌豆中含有碳水化合物、蛋白质、B 族维生素、维生素 C 以及多种矿物质，营养丰富。

无论是将豌豆煮熟还是将豌豆苗捣烂榨汁饮用，都是新妈妈的优选食品。豌豆中含有的膳食纤维可以促进肠道蠕动，帮助新妈妈保证大便通畅。

猪肝番茄豌豆汤

材料 鲜猪肝 150 克，番茄 250 克，鲜豌豆 40 克。

调料 姜片 5 克，盐、香油、料酒、淀粉、酱油各适量。

做法

1. 鲜猪肝洗净，切片，用料酒、淀粉、酱油腌渍；番茄洗净，去皮，切瓣；鲜豌豆煮熟，过凉，沥干。
2. 锅内倒入清水，大火烧沸后放番茄瓣、豌豆、姜片煮沸，转小火煲 10 分钟，放入猪肝片煮开，加入适量盐，淋入香油即可。

功效 猪肝富含铁质，有补肝、明目、养血的功效；豌豆可提高机体的抗病能力，还能促进排便。

豌豆排骨汤

材料 排骨 300 克，豌豆 50 克。

调料 盐 2 克。

做法

1. 将豌豆洗净；排骨洗净，剁成小块，放入沸水锅中焯烫，捞出沥干。
2. 净锅置火上，放适量清水，放排骨块炖至八成熟，放豌豆，煮至豌豆、排骨烂熟，加盐调味即可。

功效 这道汤含丰富的优质蛋白质、脂肪等，能补钙、生肌、润肠胃，帮助强健身体。

补钙、生肌

鸡丝豌豆汤

材料 鸡胸肉 200 克，豌豆 50 克。

调料 盐、香油、水淀粉各适量。

做法

1. 将鸡胸肉洗净，入蒸锅蒸熟，取出撕成丝，放入汤碗中。
2. 将豌豆洗净，入沸水锅中焯熟，捞出沥干水分，放入汤碗里。
3. 锅置火上，倒入水煮开，加盐调味，浇入已放好鸡丝和豌豆的汤碗中，淋上香油即可。

功效 豌豆富含钾、胡萝卜素，可以利尿消肿，保护视力，搭配鸡肉，强体、通乳的效果更佳。

强体、通乳

花生

养血通乳，增强记忆力

花生含有蛋白质、油酸、B 族维生素、维生素 E、镁等丰富的营养。花生有养血通乳的作用，对于产后乳汁不足的新妈妈来说，花生是滋补身体不可多得的食物。

花生红枣猪蹄汤

材料 猪蹄 2 只，红枣 50 克，红皮花生米 100 克。

调料 葱段、姜丝、盐各适量。

做法

1. 猪蹄去毛，洗净，剁大块，和姜丝一起放入炖锅中，加水小火炖煮 1 小时。
2. 倒入洗净的花生米、红枣，一起煮 1 小时，加盐调味，撒上葱段即可。

功效 红枣花生猪蹄汤不仅能益气补血、催乳，还有很好的美容养颜功效。

花生红枣鸡爪汤

材料 花生米 30 克，鸡爪 4 个，红枣 6 枚。

调料 盐、香油各适量。

做法

1. 鸡爪洗净，切去爪尖，用沸水焯烫后再次洗净；花生米洗净；红枣洗净，去核。
2. 汤锅置火上，倒入适量清水，放入鸡爪、花生米、红枣，大火煮开后转小火炖 1 小时，加盐调味，淋入香油即可。

功效 鸡爪富含钙质和胶原蛋白，有美容功效。红枣、花生和鸡爪搭配煲汤，补血又养颜，新妈妈常喝能让面色红润、气色好。

补血养颜

花生排骨汤

材料 排骨 400 克，花生米 200 克。

调料 姜片、盐各适量。

做法

1. 花生米泡发洗净；排骨洗净，切块，焯去血水。
2. 将排骨块、花生米、姜片一起放入汤锅内，加入适量水，大火煮开后转小火煮 1 小时。
3. 煮至排骨和花生酥烂，加入盐调味即可。

功效 这款汤可补肾健脾、益精填髓，对精血虚亏、四肢乏力、腰膝酸软的新妈妈有食疗作用。

补肾健脾

黑芝麻

补肝肾，益精血，润肠燥

黑芝麻含有丰富的脂肪和蛋白质，还含有膳食纤维、维生素 B_1、维生素 B_2、烟酸、维生素 E、钙、铁、镁等营养成分，对产后新妈妈有很好的养血益肾功效。

黑芝麻茯苓瘦肉汤

材料 黑芝麻 30 克，茯苓块 60 克，猪瘦肉 150 克。

调料 盐 3 克。

做法

1. 黑芝麻洗净，用清水略泡，捣烂；茯苓块洗净；猪瘦肉洗净，切块，用盐腌 10 分钟。
2. 把黑芝麻、茯苓块放入锅内，加适量清水，小火慢煮 15 分钟，放入瘦肉块，炖至瘦肉熟烂，加入盐调味即可。

功效 茯苓利水渗湿、健脾安神，具有较强的利尿作用；黑芝麻可补肝肾、润五脏。二者与猪瘦肉搭配可补肝肾，防止产后脱发。

黑芝麻南瓜汁

材料　南瓜 200 克，熟黑芝麻 25 克。

做法

1. 南瓜洗净，去瓤，切小块，放入蒸锅中蒸熟，去皮，凉凉备用。
2. 将南瓜和熟黑芝麻放入榨汁机中，加入适量饮用水搅打均匀即可。

功效　南瓜含有丰富的可溶性膳食纤维、维生素等营养素，可增强记忆力、预防便秘；与黑芝麻搭配，还能补血益肾。

蜜奶芝麻羹

材料　牛奶 100 克，蜂蜜 30 克，黑芝麻 10 克。

做法

1. 黑芝麻洗净，晾干，用小火炒熟，研成细末。
2. 牛奶煮沸，放入黑芝麻末调匀，放温热后加蜂蜜搅匀即可。

功效　蜂蜜能润肠解毒；黑芝麻有润肠燥的作用；牛奶营养丰富，可补钙。三物同用，润肠通便效果更佳。

木瓜

增乳，健胃

木瓜中的木瓜蛋白酶有助于消化蛋白质，可帮助分解肉食，减轻胃肠的工作量，防治便秘。木瓜酶有催奶的作用，乳汁缺乏的新妈妈食用能增加乳汁量。

银耳木瓜排骨汤

材料 猪排骨 250 克，干银耳 5 克，木瓜 100 克。

调料 盐 3 克，葱段、姜片各适量。

做法

1. 银耳泡发，洗净，撕成小朵；木瓜去皮除子，切滚刀块；排骨洗净，切段，焯水备用。
2. 汤锅加清水，放入排骨段、葱段、姜片同煮，大火烧开后放入银耳，小火慢炖约 1 小时。
3. 把木瓜块放入汤中，再炖 15 分钟，调入盐搅匀即可。

功效 银耳可益气清肠、滋阴润肺；排骨可补中益气、强健身体。二者与木瓜搭配，可帮助催乳、增强体质。

木瓜鲫鱼汤

材料 木瓜 250 克，鲫鱼 1 条。

调料 盐 2 克，葱段、姜片各 5 克，香菜段 3 克。

做法

1. 木瓜去皮除子，洗净，切片；锅内倒油烧热，放入鲫鱼煎至两面金黄。
2. 将煎好的鲫鱼、木瓜片放入汤煲内，加入葱段、姜片，倒入适量水，大火烧开后转小火煲 40 分钟，加入盐调味，撒香菜段即可。

功效 鲫鱼肉质细嫩，富含蛋白质，还有健脾利湿、活血通络、补虚下乳的食疗作用，与木瓜搭配，通乳效果更佳。

青木瓜萝卜炖鱼头

材料 青木瓜、青萝卜、鱼头各 1 个。

调料 盐适量。

做法

1. 将鱼头洗净，剁成小块；青木瓜去皮、去子，切块；青萝卜洗净，去皮，切块。
2. 锅中油烧热后下鱼头煎至金黄，沥干油。
3. 另起锅，放入鱼头、青木瓜块、青萝卜块，加水没过食材，大火煮开后改小火炖至青萝卜熟透，加盐调味。

功效 青木瓜含有蛋白质分解酶，与富含蛋白质的鱼肉搭配，可提高蛋白质利用率。

丝瓜

养血通乳，润肤养颜

丝瓜中含有水分、磷、钾、维生素 C 等营养成分。新妈妈适量食用丝瓜，能够补充产后身体所需的营养。丝瓜还具有通乳的作用，能够帮助新妈妈分泌乳汁，还能够预防产后便秘。

木耳丝瓜汤

材料 丝瓜 400 克，干木耳、水发海米各 10 克。

调料 盐 2 克，葱丝、姜丝、香油各 3 克，蔬菜高汤适量。

做法

1. 丝瓜去皮，洗净，剖为两半，斜切成片；木耳泡发，洗净，撕成小朵。
2. 锅置大火上，加入油烧至五成热，放入葱丝、姜丝炝锅，放入丝瓜片略炒，倒入蔬菜高汤，放入木耳、水发海米，大火烧沸，撇去浮沫，改用小火炖约 10 分钟，加盐调味，淋入香油搅匀即可。

功效 丝瓜可解毒通便、利尿活血；木耳可清胃涤肠、降血脂、延缓衰老。二者搭配，具有益气强身、补血活血的功效。

丝瓜鱼片汤

材料 生鱼片 200 克，丝瓜 150 克，草菇 80 克，竹笋 100 克。

调料 葱段、姜片、盐、生抽、料酒各适量。

做法

1. 草菇去蒂，洗净，切块焯水；竹笋洗净，切薄片，焯水；丝瓜洗净，去皮，切滚刀块；生鱼片洗净，切薄片。
2. 锅中倒油烧热，放入姜片翻炒，放入竹笋片、草菇块和丝瓜块，调入生抽、料酒翻炒，倒入清水，大火煮沸后转中火煮 10 分钟，加入生鱼片煮熟，调入盐、撒入葱段即可。

丝瓜猪肝瘦肉汤

材料 猪肝、猪瘦肉各 100 克，丝瓜 250 克。

调料 姜片、胡椒粉、盐各适量。

做法

1. 丝瓜去皮，洗净，切滚刀块；猪瘦肉、猪肝洗净，切薄片，用盐腌 10 分钟。
2. 丝瓜块、姜片放入沸水锅中，小火煮沸几分钟后，放入猪肝片、瘦肉片煮至熟，加入胡椒粉调味即可。

功效 丝瓜可清热解暑，猪肝有明目功效，二者与瘦肉搭配，可防止产后体虚、血虚。

黄花菜

提高抵抗力，通乳

黄花菜含有丰富的胡萝卜素、钾等，可能够帮助新妈妈增强体质。黄花菜还含有丰富的膳食纤维，能够促进肠胃蠕动，帮助新妈妈预防产后便秘。

黄花菜瘦肉煲

材料 猪瘦肉50克，干黄花菜30克，百合10克，红枣4枚。

调料 葱段10克，姜片4克，盐3克。

做法

1. 干黄花菜用清水泡发，择洗干净；猪瘦肉去净筋膜，洗净，切丝；百合洗净；红枣洗净，去核。
2. 黄花菜、瘦肉丝、百合、红枣、葱段、姜片放入锅内，加入适量清水，大火煮沸后改为小火煲1小时，调入盐即可。

功效 黄花菜瘦肉汤含有丰富的蛋白质、维生素C、钙、胡萝卜素等人体所必需的养分，有养气益血、补虚通乳的作用，适用于产后乳汁缺乏者食用。

黄花菜排骨汤

材料 猪小排200克，干黄花菜15克，红枣20克，火腿40克。

调料 姜片、葱段、草果各5克，料酒10克，盐适量。

做法

1. 黄花菜泡发，洗净，去掉顶部老根；猪小排洗净，剁成段，热水下锅焯出血沫，捞出冲干净；红枣洗净；火腿切片。
2. 将排骨段、红枣、火腿片、姜片、草果、葱段一起放入砂锅里，倒入水没过所有食材约5厘米，再加入料酒，大火烧开，改小火煮约1小时。
3. 加入黄花菜，再煮约10分钟，加入适量盐调味即可。

黄花菜南瓜羹

材料 南瓜200克，干黄花菜10克。

调料 盐2克。

做法

1. 南瓜洗净，去皮去子，切块，上笼蒸至软烂，打成蓉备用；黄花菜泡2小时至软，去根，入沸水中煮熟，捞出，再用凉水浸泡2小时。
2. 锅置火上，倒入适量清水烧开，倒入南瓜蓉烧开，再加入黄花菜煮开，加入盐调味即可。

功效 南瓜可补中益气、润肤美容，与黄花菜搭配，可缓解便秘、预防产后肥胖。

鲫鱼

促进机体修复，通乳

鲫鱼肉味鲜美，肉质细嫩，所含的蛋白质质优、齐全，易于消化与吸收，有开胃健脾、调养生津的作用，对产后体虚有一定的补益作用，还具有极佳的催乳效果，是传统的月子滋补品。

苹果荸荠鲫鱼汤

材料 鲫鱼1条，苹果、荸荠各100克，蜜枣2颗。

调料 盐适量。

做法

1. 苹果洗净，去皮、去核，切块；荸荠去皮，洗净；鲫鱼治净，切段。
2. 锅中倒油烧热，放入鲫鱼段，煎至两面微黄，出锅。
3. 苹果块、荸荠、蜜枣、鲫鱼段放入汤锅中，加入适量清水，大火煮沸，撇去浮沫，转小火煲1小时，加盐调味即可。

功效 荸荠有生津止渴、利肠通便、清肺化痰的功效，与苹果、鲫鱼搭配，营养更为全面。

青蛤鲫鱼奶汤

材料 净鲫鱼1条，青蛤肉150克，鲜牛奶80克。

调料 鸡汤、淀粉、料酒、葱段、姜片、香菜末、醋各适量。

做法

1. 鲫鱼治净，改刀，涂上淀粉，放入热油锅中稍煎；青蛤肉洗净。
2. 锅中加入鸡汤、料酒、姜片、葱段、醋，大火烧沸，撇去浮沫，改小火炖20分钟，加入青蛤肉煮熟，加入牛奶略煮即可。

豆浆鲫鱼汤

材料 豆浆500克，鲫鱼1条。

调料 姜片、葱段各15克，盐3克，料酒少许。

做法

1. 鲫鱼去鳞，除鳃和内脏，去掉腹内的黑膜，清洗干净。
2. 炒锅加油烧至六成热，放入鲫鱼煎至两面微黄，下葱段和姜片，淋入料酒，加盖焖一会儿，倒入豆浆烧沸后转小火煮30分钟，放盐调味即可。

功效 这款汤蛋白质丰富，可补中益气、滋润养颜，有很好的催乳功效。

虾

改善产后虚弱，促进乳汁分泌

虾中富含优质蛋白质、钙、磷等，具有很高的营养价值。虾肉肉质松软，易于消化，对产后身体虚弱的新妈妈具有很好的滋补作用。同时，虾还具有很强的通乳作用，适合新妈妈催乳食用。

通乳、降压

鲜虾莴笋汤

材料　莴笋250克，鲜虾150克。

调料　盐2克，葱花、姜丝各适量。

做法

1. 将鲜虾虾背剪开，挑去虾线，洗净；莴笋去皮和老叶，洗净，切菱形块。
2. 锅放置火上，倒油烧至七成热，爆香葱花、姜丝，放入鲜虾和莴笋块翻炒均匀。
3. 加入适量清水煮至虾肉和莴笋熟透，用盐调味即可。

功效　鲜虾滋补效果极佳，与莴笋搭配，还可利尿通乳、清热解毒、宽肠通便。

芙蓉海鲜羹

材料 虾仁 100 克，水发海参、蟹棒各 80 克，青豆 50 克，鸡蛋清 1 个，牛奶适量。

调料 盐、料酒、姜末、水淀粉、胡椒粉各适量。

做法

1. 虾仁洗净，去除虾线；蟹棒切成小丁；海参、青豆均洗净，海参切条，青豆煮熟；鸡蛋清搅匀。
2. 锅中倒入适量清水，加入虾仁、蟹棒丁、海参条、青豆与牛奶，煮至沸腾，加盐、料酒、姜末、胡椒粉调味，用水淀粉勾芡，淋入鸡蛋清，搅匀即可。

香菇虾仁豆腐羹

材料 豆腐 200 克，虾仁 100 克，干香菇 10 克。

调料 葱花、姜丝、盐、水淀粉、香菜末、胡椒粉各适量。

做法

1. 香菇泡发洗净，去蒂，切丁，泡香菇水留用；虾仁洗净，加盐和胡椒粉拌匀；豆腐洗净，切成小方块。
2. 起油锅，加虾仁略煸，盛出；另起油锅，爆香葱花、姜丝，加入香菇丁略煸，盛出。
3. 锅内倒入滤清的香菇水及适量水，烧开后放入豆腐块烧滚，下入香菇丁再烧滚，加虾仁烧开，用水淀粉勾芡，用盐调味，撒香菜末即可。

鸡蛋

补体力，促食欲

鸡蛋是月子里不可缺少的食物。鸡蛋富含蛋白质、卵磷脂、B 族维生素、钙、磷、铁等，是很好的营养品。鸡蛋中的蛋白质和铁很容易被人体吸收利用，可以帮助新妈妈尽快恢复体力，预防贫血。

香芹洋葱鸡蛋羹

材料 鸡蛋 1 个，香芹 20 克，洋葱 40 克。

调料 玉米淀粉 10 克，鸡汤适量。

做法

1. 香芹洗净，切小段；洋葱去老皮，洗净，切碎；鸡蛋去壳打散。
2. 锅中加水，将鸡汤、香芹段和洋葱碎煮开。
3. 将蛋液慢慢倒入汤中，轻轻搅拌。
4. 玉米淀粉加水搅开，倒入锅中烧开，至汤汁变稠即可。

功效 香芹可清热解毒、利尿消肿、平肝降压，洋葱能促进消化、杀菌消炎；二者与鸡蛋搭配，可帮助新妈妈尽快恢复体力、增强抵抗力。

黄瓜番茄蛋汤

材料 黄瓜200克，番茄100克，鸡蛋1个。

调料 盐2克，葱花3克，清汤、香油各适量。

做法

1. 黄瓜洗净，切薄片；番茄洗净，沸水焯烫，撕去外皮，切片；鸡蛋磕入碗中，加少许盐搅匀。
2. 起油锅烧热，放入黄瓜片略炒，加入清汤、盐，大火烧沸，放入番茄片煮开，淋入鸡蛋液，关火，撒上葱花，淋入香油即可。

功效 黄瓜可清热解毒、利尿消肿，与鸡蛋搭配，可预防产后肥胖。

百合鸡蛋汤

材料 干百合20克，火腿10克，鸡蛋1个。

调料 鸡汤适量，葱末5克，盐3克。

做法

1. 百合洗净，泡软；火腿切末；鸡蛋磕入碗中，打散。
2. 锅置火上，放入百合、火腿末，加鸡汤大火烧开后转小火煮10分钟，淋入鸡蛋液搅成蛋花，加盐调味，撒上葱末即可。

功效 百合有解毒、理脾健胃、宁心安神等功效，与鸡蛋搭配熬汤，有助于改善产后失眠、精神不振、体虚等症。

牛奶

补钙，维护肠道健康

牛奶中含有人体所需的多种营养素，钙含量很高，而且易被人体吸收，有助于强健骨骼和牙齿。此外，牛奶还有助于身体放松，消除紧张情绪，减轻压力，可以有效预防产后抑郁症的发生。

牛奶炖木瓜

材料 木瓜1个，牛奶250克，红枣25克。

调料 冰糖10克。

做法

1. 红枣洗净，去核；木瓜洗净，在顶部切开，将子及部分果肉刮出，备用。
2. 炖盅置火上，将牛奶、木瓜肉、红枣、冰糖及适量水放入木瓜内，再将木瓜放入炖盅炖20分钟即可。

功效 木瓜具有健脾消食、补充营养、活络通乳的功效，与牛奶搭配，可补钙健骨、提高乳汁质量。

牛奶炖银耳

材料 干银耳15克，枸杞子适量，牛奶200克。

调料 蜂蜜适量。

做法

1. 银耳泡发，洗净，除去杂质，撕碎。
2. 将碎银耳放入锅中，加水，大火煮15分钟后转小火熬30分，加入枸杞子略煮，关火。
3. 加入牛奶，微温后加入蜂蜜调味即可。

功效 银耳可健胃安眠、滋阴润肤，与牛奶搭配，增强体质、缓解压力的效果更佳。

牛奶肉末白菜汤

材料 小白菜400克，猪瘦肉200克，牛奶200克。

调料 盐2克，酱油5克，淀粉15克，蒜蓉20克。

做法

1. 猪瘦肉洗净，切末，加入酱油、淀粉，拌匀腌渍5分钟；小白菜择洗净，切段。
2. 锅置火上加油烧热，放入蒜蓉爆香，倒入肉末炒散，直至肉色发白。
3. 倒入适量水，水烧开后倒入牛奶，调入盐，煮沸后放入小白菜，煮2分钟，菜叶变软即可。

功效 牛奶肉末白菜汤可强筋骨、养胃生津、利尿通便，特别适合产后脾胃气虚者。

非哺乳妈妈
回乳期间的饮食调养

一些新妈妈因为身体或现实原因，不得不在月子期就早早给宝宝断奶，过早断奶对于新妈妈和宝宝都会造成不利影响，所以，新妈妈要采取渐进的方式回乳，食疗是最好的回乳方式。

宜边回乳边进补

非哺乳妈妈除了要增加全面的营养补充体力之外，也要适当摄入帮助回乳的食物。经过漫长的生产过程，身体无法一蹴而就地恢复，选择低脂、低热量、易吸收的食物作为有益的补充，是最佳的方式。

宜适当减少水分的摄入

断奶期间，新妈妈应适当控制水分摄入，不要像哺乳期的时候喝很多的汤水，否则母乳分泌过多而造成涨奶现象。此外，新妈妈要对宝宝逐步减少喂奶次数，并逐步缩短喂奶时间，这样能逐渐减少乳汁的分泌以致完全没有。

宜远离下奶食物

新妈妈回乳时，应该避免食用促进乳汁分泌的食物，如花生、猪蹄、鲫鱼等等，以减少乳汁的分泌。

常见回奶食材

炒麦芽　韭菜　茶叶

醋　香椿　螃蟹

过了断奶期要正常饮食

由于身体原因或其他因素导致不能实现母乳喂养的新妈妈应保持愉快的心情，不要因此而对宝宝心有愧疚。新妈妈只要尽快把身体调理好，多给宝宝一些爱与关怀，宝宝一样能跟母乳喂养的宝宝一样健康成长。新妈妈在过了断奶期后饮食可以恢复正常，使身体尽快恢复，以健康的身心投入到照顾宝宝的重任中。

Part
5
首屈一指瘦身汤，
身材棒、气色好

白萝卜

通气助康复

白萝卜富含膳食纤维、维生素 C、钾，有助于增强妈妈的免疫力，还可健胃消食，防治便秘。

牡蛎萝卜丝汤

材料 白萝卜 200 克，牡蛎肉 50 克。

调料 葱丝、姜丝各 10 克，盐 2 克，香油少许。

做法

1. 白萝卜去根须，洗净，去皮，切丝；牡蛎肉洗净泥沙。
2. 锅置火上，加适量清水烧沸，倒入白萝卜丝煮至九成熟，放入牡蛎肉、葱丝、姜丝煮至白萝卜丝熟透，用盐调味，淋上香油即可。

功效 牡蛎富含锌，锌可以促进宝宝生长和大脑发育；白萝卜中的芥子油和膳食纤维能够促进胃肠蠕动，润肠通便，改善便秘症状。

白萝卜银耳汤

材料 白萝卜 100 克，干银耳 5 克。

调料 鸭汤适量。

做法

1. 白萝卜洗净，切成丝；银耳泡发，去除杂质，撕成块。
2. 锅中倒入鸭汤，放入白萝卜丝和银耳块，用小火炖熟即可。

功效 白萝卜可促进消化、增强食欲、加快胃肠蠕动、止咳化痰。银耳具有润肺生津、滋阴养胃、益气安神等作用。配以清热去火的鸭汤，滋阴止咳效果更明显。

猪肺杏仁萝卜煲

材料 猪肺 50 克，白萝卜 200 克，杏仁 10 克。

调料 盐、姜块各适量。

做法

1. 将猪肺洗净后切成小方块；白萝卜洗净，去皮，切厚片。
2. 锅内水煮沸，放入猪肺块焯去血水。
3. 将焯过的猪肺块放入已经加入水的砂锅中，加入杏仁、姜块一起煲。
4. 20 分钟后，加入白萝卜片，用中火把白萝卜煲软，加盐调味即可。

功效 猪肺有补虚、止咳的功效，杏仁有止咳润肺、抗肿瘤的功效；二者与白萝卜搭配，对增强新妈妈免疫力、润肺止咳有益。

冬瓜

利水消肿

冬瓜味甘性寒，水分丰富，能止渴利尿。月子期，新妈妈容易出现水肿。冬瓜中富含钾，是月子期消除水肿的良好食物。冬瓜中富含丙醇二酸，能有效抑制糖类转化为脂肪。此外，冬瓜热量很低，新妈妈月子期多进食冬瓜能有效控制体重。

清蒸冬瓜排骨汤

材料 猪排骨 500 克，冬瓜 300 克。

调料 盐 3 克，料酒 10 克，姜片、葱花各 2 克，鲜汤适量。

做法

1. 猪排骨洗净，剁成段，放入沸水中焯透，放入大碗中；冬瓜去皮及子，洗净，切成 0.5 厘米厚的片。
2. 锅内倒入鲜汤，加盐、料酒烧沸，放入葱花、姜片，撇去浮沫，倒入装有猪排骨的碗中，放入冬瓜片，入蒸锅蒸至猪排骨熟透，取出，撇去浮沫即可。

功效 排骨含蛋白质、脂肪、维生素，与冬瓜搭配，有助于健骨、减肥。

冬瓜薏米老鸭汤

材料 老鸭半只，冬瓜 200 克，薏米 50 克。

调料 葱丝、姜片各 5 克，盐 4 克。

做法

1. 老鸭收拾干净，剁成大块；冬瓜洗净，去皮去子，切大块；薏米洗净，冷水浸泡 2 小时以上。
2. 锅中放入冷水、鸭块，大火烧开，撇去血水，捞出，用清水洗净。
3. 另起锅，锅中放少量油，烧至五成热时放入葱丝和姜片炒香，倒入鸭块炒至变色，然后放入适量开水和薏米，小火炖 1 小时，放入冬瓜块和少许盐，继续炖 20 分钟即可。

冬瓜虾仁汤

材料 冬瓜 300 克，虾仁 50 克。

调料 盐 2 克，香油、鱼高汤各适量。

做法

1. 冬瓜去皮、去瓤，洗净，切小块；虾仁去除虾线，洗净。
2. 锅置火上，倒入鱼高汤大火煮沸，放入冬瓜块，大火煮沸后转小火煮至冬瓜熟烂，加入虾仁煮熟，加盐调味，淋入香油即可。

功效 虾仁脂肪含量少，肉质松软、易消化，是产后身体虚弱者极好的食物，搭配冬瓜，还有一定的瘦身功效。

芹菜

通便利尿

芹菜味甘性凉，具有清热解毒、利尿消肿的作用。秋冬季节天气干燥，食用芹菜可除烦去燥。芹菜含胡萝卜素、膳食纤维，还可以促进肠道蠕动，减少致癌物与肠黏膜的接触，从而达到预防结肠癌的目的。

香芹豆腐羹

材料 豆腐200克，芹菜100克。

调料 盐3克，香油、胡椒粉各2克，高汤、水淀粉各适量。

做法

1. 豆腐洗净，切成小块，焯水；芹菜择洗净，切小段，留嫩叶。
2. 汤锅加高汤煮沸，倒入豆腐块、芹菜段，轻轻搅动，中火烧至汤微沸，调入盐和胡椒粉，用水淀粉勾芡，淋上香油，再撒几片芹菜叶即可。

功效 香芹豆腐羹含有优质蛋白质、铁，可改善面色苍白、便秘等症。

洋葱芹菜菠萝汁

材料 芹菜、菠萝各 50 克，洋葱 30 克。

调料 蜂蜜或白糖少许。

做法

1. 菠萝、洋葱分别洗净、去皮、切丁；芹菜洗净切段。
2. 将备好的材料放入榨汁机中榨汁。
3. 加入少量蜂蜜或白糖，搅拌均匀即可。

功效 芹菜可通便，预防产后便秘，搭配洋葱、菠萝，还可预防产后血压升高及肥胖。

奶酪蔬菜蛋羹

材料 西芹 100 克，胡萝卜 50 克，面粉、奶酪各 20 克，鸡蛋 1 个。

调料 盐 2 克。

做法

1. 西芹、胡萝卜分别洗净，切末；鸡蛋磕入碗中打散，加入奶酪和少许面粉拌匀。
2. 锅中加入适量水烧开，淋入蛋液，撒西芹末、胡萝卜末，煮片刻后加盐调味即可。

功效 奶酪含丰富的钙质，有助于补钙，而且可以增进食欲。搭配鸡蛋、胡萝卜、西芹，补钙的同时又能增加蛋白质和维生素的摄入。

魔芋

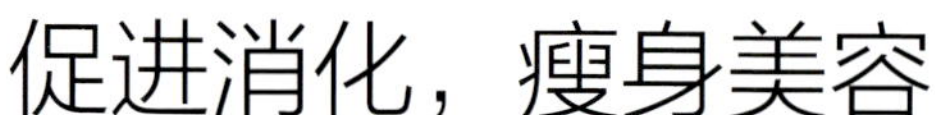

促进消化，瘦身美容

魔芋含有丰富的膳食纤维，是一种低热量、低脂肪、低糖的食物，产后新妈妈用魔芋烧菜或煮汤食用，营养又健康，能够促进消化、消脂减肥。

魔芋的主要成分是葡甘露糖，并含有钙、锌、铜等矿物质，在一定程度上可抑制肠道对胆固醇和胆汁酸的吸收，有一定的清洁肠胃、帮助消化的作用。

油菜香菇魔芋汤

材料 油菜 100 克，魔芋、胡萝卜各 50 克，干香菇 15 克。

调料 盐 3 克，蘑菇高汤、香油各适量。

做法

1. 油菜洗净，切小段；香菇洗净，泡发（泡发香菇的水留用），切小块；魔芋洗净，切块；胡萝卜洗净，去皮，切圆片。
2. 锅中倒入蘑菇高汤和泡发香菇的水，大火烧开，放入香菇块、魔芋块、胡萝卜片烧至八成熟，放入油菜段煮熟，加盐调味，淋入香油即可。

功效 油菜与香菇、魔芋搭配可健脾胃、辅治便秘、预防肠癌，且能降脂控糖，减肥健美。

魔芋鲫鱼汤

材料 魔芋 200 克，鲫鱼 1 条。

调料 姜片、料酒、盐、香油各适量。

做法

1. 魔芋切块，放入开水锅里煮开后捞出沥干；鲫鱼除鳞和内脏，洗净，略煎。
2. 锅里放入适量清水，加入鲫鱼、姜片、料酒，煮至汤呈乳白色。
3. 加入魔芋块煮熟，加盐调味，淋入香油即可。

功效 鲫鱼有补益脾胃的效果，搭配魔芋食用，不但能败火，还不伤脾胃，有清热润燥、润肠通便等作用。

紫菜魔芋汤

材料 魔芋 100 克，紫菜 30 克。

调料 盐、葱花适量。

做法

1. 魔芋洗净，切块；紫菜洗净。
2. 汤锅加水烧开，将紫菜和魔芋块放入锅内，煮沸后撒入葱花、加盐调味即可。

竹荪

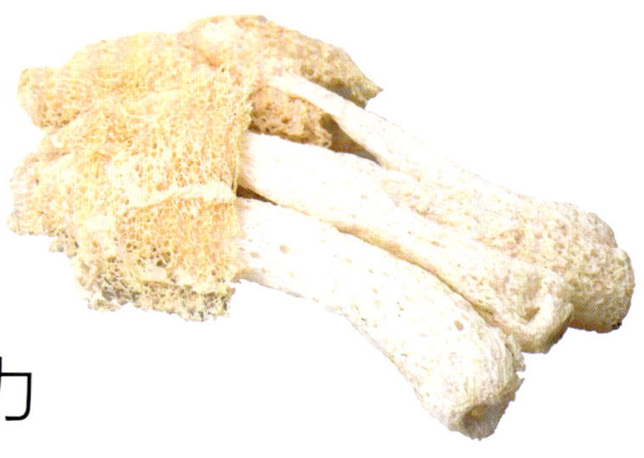

降脂，提高抵抗力

竹荪富含膳食纤维、多种维生素和矿物质，具有降血压、降血脂和减肥的作用，适合产后新妈妈食用。

竹荪菌体洁白、细嫩、爽口、味道鲜美、营养丰富，新妈妈产后适当食用竹荪，可补充身体必需的营养物质，提高机体的抗病能力。

牛蒡竹荪鸡翅汤

材料 鸡翅 300 克，牛蒡 50 克，竹荪 10 克，枸杞子 5 克。

调料 姜片、葱段各 10 克，盐 4 克。

做法

1. 竹荪用清水泡发，洗净，切段；鸡翅砸断骨头，洗净，焯水；牛蒡去皮，洗净，切小段。
2. 汤锅置火上，放入鸡翅、姜片、葱段，加入清水没过鸡翅，大火烧开后撇去浮沫，加入牛蒡，小火煲 30 分钟，放入竹荪和枸杞子，再煲 15 分钟，加盐调味即可。

功效 牛蒡 、竹荪可控血糖、降血压，提高人体免疫力等，搭配鸡翅，可补精填髓，更适合体弱者食用。

竹荪金针排骨汤

材料 干木耳、竹荪各 20 克，金针菇 50 克，排骨 300 克。

调料 盐 3 克。

做法

1. 排骨洗净，切小块，焯烫，捞出；木耳泡发，洗净，撕成小片；竹荪泡发，沥干，切小段；金针菇洗净，切段。
2. 锅置火上，倒入清水烧开，放排骨块小火煮 1 小时，加金针菇、竹荪、木耳，煮开后焖 5 分钟，撒盐即可。

功效 木耳富含铁和膳食纤维，有助于辅治缺铁性贫血；竹荪含有人体必需的营养物质，能提高机体的抗病能力。常食此汤可以滋补强身、益气补脑、养颜瘦身。

竹荪木耳蛋汤

材料 竹荪、干木耳各 15 克，鸡蛋 1 个。

调料 盐 3 克，蘑菇高汤适量。

做法

1. 竹荪用淡盐水泡发，沸水焯烫，捞出沥水；木耳泡发，洗净，撕小朵，沸水焯烫；鸡蛋打散成蛋液。
2. 锅置火上，倒入蘑菇高汤，用大火煮沸，加入竹荪、木耳，小火煮 10 分钟，淋入蛋液搅散，加盐调味即可。

功效 竹荪木耳蛋汤可补血养颜、减肥清脂。

红枣

补气养血，安神解郁

红枣味甘性温，具有补中益气、缓和药性、补脾养胃、益气生津的作用，尤其适合产后脾胃虚弱、气血不足的人食用。红枣含有大量的葡萄糖和蛋白质，食疗药膳中常加入红枣补养身体、滋养气血。红枣还有养血安神的作用，对于产后抑郁、心神不宁等都有很好的缓解功效。

银耳红枣牛肉汤

材料 牛肉150克，红枣30克，干银耳10克，胡萝卜50克。

调料 盐4克，姜片、料酒各适量。

做法

1. 牛肉洗净，切小块；红枣洗净，泡发；干银耳泡发，洗净，去黄蒂，撕小朵；胡萝卜洗净，去皮，切片。
2. 将牛肉块、红枣放砂锅中，加水烧沸后转小火慢炖1小时，放料酒、姜片、银耳、胡萝卜片炖至牛肉块熟烂，加盐即可。

功效 这道汤可活血化瘀、健脾补气，对新妈妈恢复身体有很好的功效。

蜜枣白菜汤

材料　白菜 300 克，蜜枣 4 颗。

调料　姜片、盐、香油各适量。

做法

1. 白菜择洗干净，切片。
2. 锅中倒入清水，放入白菜片、蜜枣、姜片，大火煮沸，转中火炖 20 分钟，调入盐、香油即可。

功效　蜜枣白菜汤可补中益气、养胃生津、利尿通便，常食还可护肤养颜。

燕麦木瓜红枣羹

材料　木瓜 80 克，燕麦片 20 克，红枣 8 颗。

调料　冰糖 1 克。

做法

1. 木瓜削皮去子，切丁；红枣洗净，拍扁去核。
2. 锅中加水煮开，放入红枣煮 10 分钟，待红枣出味，放入燕麦片，稍加搅拌。
3. 待沸腾后，倒入木瓜丁和冰糖，待冰糖化后即可食用。

功效　燕麦木瓜红枣羹有益肝和胃、疏通乳腺、补血养颜的作用。

山楂

增进食欲，止血

山楂富含有机酸、维生素 C、钾等，适量食用能够生津止渴、散瘀活血，有助于排出子宫内的瘀血，减轻腹痛。新妈妈产后过度劳累，往往食欲不振、口干舌燥，适当吃些山楂能增进食欲、帮助消化。

山楂荔枝汤

材料 山楂肉、荔枝肉各 50 克，桂圆肉 20 克，枸杞子 5 克。

调料 红糖适量。

做法

1. 山楂肉、荔枝肉洗净；桂圆肉浸泡后洗净；枸杞子泡洗净，捞出沥水。
2. 锅置火上，倒入适量清水，放入山楂肉、荔枝肉、桂圆肉，大火煮沸后改小火煮约 20 分钟，加入枸杞子继续煮约 5 分钟，加入红糖拌匀即可。

功效 山楂、荔枝可促进食欲、活血散瘀，搭配红糖，活血效果更佳。

双豆山楂汤

材料 红豆、绿豆各70克，山楂50克，红枣20克。

做法

1. 将红豆、绿豆洗净，用冷水泡4小时，捞出备用；红枣和山楂洗净，去核。
2. 将所有材料一起放入锅中，加入适量冷水，大火烧开，转小火煮至豆熟烂即可。

功效 双豆山楂汤的减肥效果是非常显著的。红豆、绿豆富含膳食纤维、钾，有利尿消肿、润肠通便的作用；山楂健脾开胃，消食减脂，搭配红枣，还可调和胃气、补血润燥。

松仁猪蹄山楂汤

材料 猪蹄2只，花生米50克，松仁20克，山楂30克。

调料 盐3克，葱段、姜片各5克，白糖适量。

做法

1. 猪蹄收拾干净，剁成块，沸水焯烫，去血沫，捞出；花生米洗净，用温水浸泡；山楂洗净，去核。
2. 砂锅倒清水烧开，放猪蹄块、花生米、葱段、姜片，大火烧开后用小火煮1.5小时，加山楂、松仁、盐、白糖再煮20分钟即可。

功效 松仁猪蹄山楂汤有增进食欲、润肤美容、活血脉、通乳的功效。

红糖

益气补血，活血化瘀

中医认为，红糖性温、味甘，具有益气补血、活血化瘀、暖中止痛、健脾暖胃、化食散寒的功效。产后适当服用红糖，有利尿、促进恶露排出之功，还可缓解腹冷疼痛。

红枣姜糖水

材料 红糖 20 克，红枣 25 克，生姜 10 克。

做法

1. 红枣洗净，去核，切片。
2. 生姜洗净，切末（不爱吃姜的朋友可切片或拍松即可，姜不用去皮）。
3. 锅中加水，放入姜末、红枣，水开后转小火炖 10 分钟。
4. 加入红糖，继续煮 15 分钟即可。

功效 红糖、红枣都有补血益气的功效，可提升身体的元气；搭配生姜，还可加快胃肠蠕动，增进食欲。

红糖荷包蛋汤

材料 红糖20克，鸡蛋2个。

调料 老姜5克。

做法

1. 老姜洗净，放入水中用小火煮10分钟。
2. 在姜水中磕入鸡蛋成荷包蛋，煮至鸡蛋浮起，加入红糖搅匀即可。

功效 中医认为，红糖具有暖宫的作用，同时含有铁，是养血佳品；鸡蛋营养丰富，有助于恢复体力。

芋头红薯甜汤

材料 芋头、红薯各100克，红糖20克。

做法

1. 芋头洗净，入沸水锅中稍煮，入凉水中过凉，去皮，切小块；红薯洗净，削皮，切小块。
2. 锅置火上，加适量清水，放入红薯块、芋头块，先用大火煮2分钟，再改用小火煮10分钟至熟。
3. 加入红糖搅拌均匀即可。

功效 芋头、红薯均富含碳水化合物和维生素。二者与红糖搭配食用，补益效果更佳。

益母草

改善产后恶露不尽

益母草味辛苦、性凉，能活血调经、祛瘀、利尿消肿，用于辅助治疗女性月经不调、胎漏难产、痛经、恶露不尽、崩中漏下等症。但益母草只能佐补药以收功，少量食用即可，不宜多用。

益母草红枣汤

材料 益母草 15 克，干木耳 10 克，红枣 20 克。

做法

1. 木耳用温水泡发，去蒂，洗净，撕小朵；益母草洗净；红枣洗净。
2. 将木耳、红枣、益母草放入砂锅中，加适量清水，大火煮开后转小火煲 40 分钟即可。

功效 这款汤能调经止痛、活血去瘀，同时，对产后体虚、燥咳、便秘也有一定的缓解作用。

黑豆益母草瘦肉汤

材料 猪瘦肉200克，黑豆40克，益母草、枸杞子各15克。

调料 盐、姜片各适量。

做法

1. 黑豆洗净，浸泡4小时；猪瘦肉洗净，切块，焯水；益母草、枸杞子分别洗净。
2. 黑豆、瘦肉块、姜片、益母草、枸杞子放入锅中，加入适量清水，大火煮沸，改小火煲1小时，调入盐即可。

功效 此汤具有补肾补血、预防便秘、活血化瘀、调经止痛、利水消肿的功效。

益母草鸡蛋汤

材料 益母草50克，鸡蛋2个。

做法

1. 益母草择去杂质，洗净，切成段，沥干水；鸡蛋洗净，带壳冷水下锅，大火煮约7分钟。
2. 鸡蛋剥去外壳，与益母草一起放入锅内，加适量水同煮，小火继续煮30分钟即可。

产后瘦得快，简单小动作来帮忙

鳄鱼扭转

此套动作可以帮助放松全身肌肉，活动骨盆，有助于消除腹部赘肉，还能促进睡眠。

1 仰卧屈膝，双脚踩在瑜伽垫上，双臂自然放在身体两侧。

2 双臂慢慢展开，臀部微微抬起，左右移动。

3 双膝倒向左边，左手自然放在腿弯处，头扭向右侧看右手，保持 20 秒。

反方向重复动作。

半月式

此套动作可拉伸身体大部分肌肉，舒缓身体，瘦身的同时又有助于缓解疲劳，帮助骨盆恢复。

工具：一块瑜伽砖

1 双脚分开站立（比肩宽），双臂伸直侧平举。

2 呼气，身体向右侧侧弯，右手放在脚踝处。如果触不到脚踝可以放在小腿处。

3 吸气，屈右膝，左脚跟进一步，左手叉腰，右手放在竖放的瑜伽砖上。

4 呼气，右手支撑在瑜伽砖上，左腿抬起与身体保持水平，左臂向上伸直。

5 反方向重复动作。

Part 6

素食妈妈喝素汤，喂奶减脂两不误

素食妈妈坐月子怎么吃

多食豆制品，补充优质蛋白质和钙

由于妈妈乳汁分泌越多，钙和蛋白质的需要量越大，所以膳食中可多补充大豆及豆制品、芝麻酱等。膳食摄入钙不足时，可用钙剂进行补充。需要注意的是，大豆及豆制品对素食妈妈来说是必不可少的，大豆含有丰富的优质蛋白质、B族维生素，可以补充人体必需的热量和营养，对素食新妈妈的身体恢复也是很有帮助的。

加强 B 族维生素的摄取

B 族维生素可以促进新妈妈身体的热量代谢，提高神经系统功能，还可改善食欲，对产后脏器功能恢复大有好处。富含 B 族维生素的食物包括五谷类、豆类、坚果等。

选择富含铁的植物性食物

素食妈妈无法从动物性食物中获得血红素铁，为了弥补生产过程中损耗的气血，应多选择富含铁的植物性食物。燕麦、糯米、黑豆等五谷杂粮，葵花子、榛子、黑芝麻等坚果种子，菠菜、苜蓿、西蓝花等蔬菜均富含铁。同时多吃富含维生素 C 的蔬果，以促进铁的吸收。还可以适当补充铁剂，但要在医生或营养师的指导下进行，以防补充过量。

饮食重点

素食妈妈月子期的饮食应以五谷和各种蔬菜（特别是深色蔬菜）为主，应注重补血补气的食疗。除了要多吃小米粥和红豆薏仁粥外，还要多吃其他豆类、谷物、菌藻、蔬果类食物，多换着花样搭配。

哪些营养容易缺乏

分娩时消耗了新妈妈很多气血，月子期素食妈妈要注重补充素食者易缺乏的营养素：铁、钙、维生素 B_{12}、锌等。尤其是全素者极易缺乏维生素 B_{12}，需要额外补充。

豆类素汤

红豆西米露

材料 红豆250克，西米50克，牛奶200克。

调料 白糖适量。

做法

1. 红豆淘洗干净，用清水浸泡3～4小时；西米淘洗干净。
2. 汤锅置火上，放入浸泡好的红豆，倒入没过红豆的清水，小火煮至红豆微微裂开，加白糖煮化，关火。
3. 另取一汤锅置火上，倒入适量清水烧开，下入西米煮至透亮，捞出，用清水洗去淀粉，沥干水分，放入煮好的红豆中，淋入牛奶搅拌均匀即可。

牛奶花生核桃豆浆

材料 牛奶250克，黄豆50克，花生米、核桃仁各10克。

调料 白糖5克。

做法

1. 黄豆洗净后用水泡4小时；花生米挑净杂质，洗净；核桃仁洗净。
2. 把花生米、核桃仁和浸泡好的黄豆一同倒入全自动豆浆机中，加水至上下水位线之间，按下“豆浆”键，煮至豆浆机提示豆浆做好，依个人口味加白糖调味，待豆浆凉至温热，倒入牛奶搅拌均匀后饮用即可。

莲藕黑豆汤

材料 莲藕 200 克，黑豆、红枣各 50 克。

调料 姜丝、盐、清汤、陈皮各适量。

做法

1. 黑豆干炒至豆壳裂开，洗去浮皮；莲藕去皮，洗净，切片；红枣洗净；陈皮浸软，切丝。
2. 锅中倒入适量清汤烧开，放入莲藕片、陈皮丝、姜丝、黑豆和红枣，用大火煮开，转小火继续煮 1 小时，加盐调味即可。

功效 黑豆中所含的锌、铜、大豆异黄酮等可延缓人体衰老、降低血液黏度；莲藕富含铁、钙等，可补益气血。

绿豆海带甜汤

材料 绿豆 60 克，干海带 30 克。

调料 冰糖适量。

做法

1. 干海带泡发，洗去沙粒和表面脏污，再用清水漂净，切细丝，入沸水中稍焯，捞出沥水；绿豆淘洗干净，充分浸泡。
2. 砂锅加适量清水，大火煮开后放入绿豆，再次煮沸后下海带丝，大火煮约 20 分钟，加入冰糖，转小火继续煮至绿豆软糯酥烂即可。

功效 绿豆具有清热消暑、利尿消肿、明目降压的功效；海带能减少辐射危害，具有抗辐射的作用。

谷物坚果素汤

南瓜薏米奶汤

材料 南瓜200克，薏米100克，胡萝卜1根，牛奶150克。

调料 白糖适量。

做法

1. 薏米淘洗干净，用清水泡软；南瓜去皮除子，洗净，蒸熟，放入料理机中打成蓉；胡萝卜洗净，切大块。
2. 锅置火上，放入胡萝卜块和适量清水，烧开后煮20分钟，捞出胡萝卜块不用，倒入南瓜蓉和薏米，煮烂后用白糖、牛奶调味即可。

杏仁露

材料 糯米粉130克，干南杏仁（甜杏仁）、干北杏仁（苦杏仁）各25克。

做法

1. 干杏仁放进搅拌机里磨成杏仁粉，倒入汤锅中，淋入适量清水搅拌成没有结块的杏仁浆；糯米粉倒入碗中，淋入适量清水搅拌均匀。
2. 汤锅置火上，中火煮沸，转小火煮5分钟，加入白糖调味，淋入糯米粉水搅拌至锅中的汤汁呈糊状即可。

功效 苦杏仁能止咳平喘，润肠通便，可治疗肺病、咳嗽等疾病；甜杏仁中的大量纤维可以让人减少饥饿感。

花生燕麦汤

材料 花生米 100 克，纯燕麦片 150 克。

调料 白糖适量。

做法

1. 花生米洗净，用清水浸泡 2 小时，燕麦片洗净。
2. 将泡好的花生米与燕麦片放入锅内，加适量清水，大火煮沸后改小火煲 1 小时，出锅时放入白糖即可。

功效 花生米富含镁、烟酸、蛋白质，有不错的催乳作用，燕麦片具有益肝和胃、消食减肥、降脂控糖的功效。

桂圆红枣花生汤

材料 花生米 100 克，桂圆 50 克，红枣 10 枚。

调料 冰糖适量。

做法

1. 花生米洗净，用清水浸泡 2 小时后捞出沥干；桂圆剥掉壳，取肉备用；红枣洗净，去核。
2. 花生米和红枣一起放入锅中，加入适量水，用大火煮开后转小火慢炖 40 分钟。
3. 加入洗净的桂圆肉，继续煮 5 分钟后加冰糖调味即可。

功效 花生可润肺化痰、滋养调气，桂圆具有良好的养心安神、滋养补益作用，搭配红枣，对产后补益气血有较好的作用。

菌藻素汤

香蕉百合银耳汤

材料 干银耳 15 克，鲜百合 50 克，香蕉 1 根，枸杞子适量。

调料 冰糖 5 克。

做法

1. 干银耳用清水浸泡 2 小时，择去老根及杂质，撕成小朵。
2. 银耳放入瓷碗中，以 1 ∶ 4 的比例加入清水，放入蒸锅内蒸 30 分钟后，取出备用。
3. 鲜百合剥开，洗净，去老根；香蕉去皮，切成厚片。
4. 将蒸好的银耳与鲜百合、香蕉片、枸杞子一同放入锅中，加清水，用中火煮，出锅时加入冰糖，待冰糖化开拌匀即可。

白萝卜紫菜汤

材料 白萝卜 150 克，紫菜 5 克。

调料 盐 1 克，香油适量。

做法

1. 白萝卜洗净，去皮，剖成两半，切成半圆形薄片。
2. 锅内加适量清水烧开，放入白萝卜片煮 10 分钟，加盐、紫菜稍煮，放入香油即可。

功效 白萝卜具有祛痰润肺的作用，其所含的芥子油有杀菌的作用，有助于增强抵抗力。

胡萝卜香菇汤

材料 胡萝卜200克，竹笋80克，鲜香菇4朵。

调料 盐3克，姜片、香油各适量。

做法

1. 竹笋去老皮，洗净，切片；香菇洗净，去蒂，切块；胡萝卜去皮，洗净，切片。
2. 锅内倒入水煮沸，放入竹笋片、香菇块、胡萝卜片、姜片，大火煮沸后转小火炖至熟，加盐调味，淋入香油即可。

功效 竹笋有开胃、促进消化、增强食欲的作用；香菇可降脂降压、防癌抗癌；胡萝卜可润肠通便、清热解毒。三者搭配，可开胃促食、提升免疫力。

香菇笋片汤

材料 竹笋200克，油菜心50克，干香菇5朵。

调料 盐2克，香油适量。

做法

1. 香菇泡发，去蒂，洗净，切成块；竹笋去外皮，切片；油菜心洗净，切段。
2. 香菇块、竹笋片放入锅中，加入适量清水烧开，加入油菜心稍煮，放入盐调味，淋入香油即可。

功效 竹笋可降脂减肥、消食通便，油菜可清热解毒、降脂、消肿，二者与香菇搭配，降脂效果更佳，还能提高免疫力。

蔬果素汤

番茄雪梨汤

材料 雪梨200克，番茄、洋葱、芹菜各50克。

调料 番茄酱、蜂蜜各适量，奶油少许。

做法

1. 雪梨洗净，去皮、去核，切块；番茄洗净，切块；洋葱洗净，切丝；芹菜择洗净，焯水，捞出，控干，切粒。
2. 奶油放入锅中，加热炒化，放入洋葱丝、番茄块炒软，倒入清水、雪梨块和番茄酱，大火煮开后转中火煮5分钟，撒入芹菜粒关火，凉温后调入蜂蜜即可。

荸荠汤

材料 荸荠250克。

调料 冰糖少许。

做法

1. 荸荠去皮，洗净，拍碎。
2. 锅置火上，放入拍碎的荸荠和适量清水，大火煮沸后转小火煮20分钟，加冰糖煮化，去渣取汁饮用即可。

功效 具有清热解毒、凉血生津、利尿通便、化湿祛痰、消食除胀的功效。

三丝豆腐汤

材料 白菜、豆腐各 100 克，胡萝卜 50 克，鲜香菇 2 朵。

调料 葱花、盐、胡椒粉各适量。

做法

1. 白菜、香菇分别洗净，切丝；胡萝卜洗净，去皮，切丝；豆腐洗净，切条，用淡盐水浸泡 5 分钟。
2. 锅内倒油烧热，爆香葱花，放入白菜丝、胡萝卜丝、香菇丝翻炒片刻，关火。
3. 砂锅加入适量清水，放入炒过的食材，大火煮 5 分钟，放入豆腐条煮 2 分钟，加入盐、胡椒粉调味即可。

功效 这道汤具有滋补暖身的功效，可缓解手脚冰凉，最适合女性冬季食用。

莴笋叶苹果汁

材料 苹果 200 克，莴笋叶 15 克。

调料 蜂蜜适量。

做法

1. 苹果洗净，去皮、核，切小块；莴笋叶洗净，切碎。
2. 将上述食材倒入榨汁机中，加入少量饮用水，搅打均匀，过滤后倒入杯中，加入蜂蜜调味即可。

功效 莴笋叶可促进排尿和泌乳；苹果中的果胶属于可溶性膳食纤维，能加快胆固醇代谢和脂肪代谢。二者搭配榨汁，有利于产后新妈妈乳汁分泌和减肥瘦身。

冰糖炖杏仁木瓜

材料 木瓜200克，干银耳5克，南杏仁、北杏仁各少许。

调料 冰糖适量。

做法

1. 木瓜去皮、去子，切成小块；银耳泡发去蒂，洗净；南杏仁、北杏仁均洗净。
2. 将木瓜、银耳、南杏仁、北杏仁、冰糖及清水放进炖盅内，加盖，炖盅隔水炖1小时即可。

功效 木瓜中含有一种酶，有利于人体对食物进行消化和吸收，故有健脾消食的功效。

黄瓜葡萄柚汁

材料 黄瓜100克，葡萄柚150克，猕猴桃50克，柠檬20克。

做法

1. 黄瓜洗净，切小块；猕猴桃洗净，去皮，切小块；葡萄柚、柠檬去皮和子，切小块。
2. 将上述食材和适量饮用水一起放入果汁机中搅打均匀即可。

功效 猕猴桃和葡萄柚的维生素C含量都很高，可抗衰老、养颜美容、美白肌肤。

新妈妈怎样选择药膳

药膳，是指用温补或滋补类的中药与食物相搭配，通过烹调制成具有一定食疗作用的美味佳肴。它既将药物作为食物，又将食物赋以药用，发挥一定的滋补作用。

药膳对新妈妈的好处

药膳可以协助新妈妈的身体迅速恢复，并有助于排出恶露、调理体质、增强机体免疫力。药膳结合了食物与中药的功用，也兼顾了营养与美味，不但可以改善体质，更有滋补养生之效。传统的坐月子习俗中，药膳是不可少的补品！

产后药膳多以药粥和药肉膳为主

药粥是以米、粟、麦为主，配合补益中药同煮成粥；药肉膳以补益中药与肉类一同炖食。药膳所用中药和米、粟、麦及肉类相辅相成，加强滋补的效果。比如汉代的《金匮要略 · 妇人篇》中记载的当归生姜羊肉汤是用来治疗女性产后血虚有寒，腹中拘急、绵绵作痛的著名药膳，其中当归性温，有补血活血作用；生姜性温，有散风寒的作用；羊肉为甘温大热之发物，可动气生热，此二味中药和羊肉性能相配，治产后血虚有寒有奇效。

药膳以中医学理论为指导

药膳的选用是按中药和食物的性能，按照一定准则进行选择、调配、组合成各种药膳方，以用药物、食物之偏性来矫正脏腑功能之偏，使之恢复正常，或增强机体的抵抗力和免疫功能。如果不按照中医的配伍知识进行配制，则容易产生反效果。在施用药膳时，要根据用膳者的具体情况，以及季节、气候、地理环境等因素进行全面考虑，在辨证的基础上有针对性地施以药膳，才能充分发挥其作用。

选择能温补、清补、滋补的药膳

产后药膳多以药粥和药肉膳为主。粥中有稠厚米汁，食用后最能补养精血，粥油能实毛窍；药肉膳性纯，具有祛病强体的功效，十分适合新妈妈食用。根据性能的不同，药肉膳有温补、清补、滋补等作用。

根据身体状况辨证选用药膳

产后食用药膳，应当根据个人的身体状况，按照药、食的功效和性味选择适合自己的药膳。若滥用药膳，不但造成经济损失，还会危害身体健康。

临床常见有些新妈妈身体阴虚，内有伏热，又吃当归炖鸡，或吃羊肉炖当归、红枣，以致火上浇油，出现上火、头晕、发热，甚至牙龈出血、鼻出血等症。

而另一些新妈妈身体属阳虚体质，食用沙参、麦冬炖猪蹄，或食青果炖猪肚，以为滋补身体，以致阳虚体质的身体难以承受，出现脾胃困顿、腹泻、不思饮食等症。

食用药膳有哪些注意事项

食用药粥须视体质强弱。凡身体素质强健，产后无异常，无并发症者，宜每日服1剂，连吃3～4日；脾胃虚弱者，可食至半月。

药粥有某症的主治功能，如扁豆粥止泻固肠、红豆粥利尿消肿，最好按症选用。若无症状可将药量减半煮粥。

凡用药膳补身，冬季宜选择羊肉类药膳；夏季宜选用鸭、猪、鱼类药膳；春秋宜选用鸡、鱼、猪肉类药膳。

凡药膳中有肉桂者，最好在冬季食用。阳虚体质者例外。

凡食药肉膳，最好早晨服，或空腹服。

凡食药膳，吃后感到身体舒适者，可以多食几剂。若出现不适者，应立即停食。

Part
7
特殊症状特别呵护，
好汤自有奇效

产后恶露不尽

病症解析

恶露不尽的表现

恶露是指分娩后由阴道排出的分泌物，它含有胎盘剥离后的血液、黏液、坏死的蜕膜组织和细胞等物质。产后恶露不尽则指产后满月仍有恶露，且颜色和气味有异常，如呈脓性，并有臭味。

恶露不尽的护理

1. 大小便后用温水冲洗会阴部，擦拭时一定要从前往后擦拭或按压拭干。选用柔软消毒卫生纸，经常换卫生护垫和内裤以减少细菌感染的机会。

2. 尽量让宝宝吃母乳，母乳喂养有利于恶露排出，宝宝吃奶时吸吮乳头，会引起反射性子宫收缩，可促进恶露排出。

3. 鼓励新妈妈早日起床活动，有助于气血运行，使积滞在胞宫内的血瘀尽快排出。

4. 保持会阴部清洁，每晚用温水或 1：5000 高锰酸钾溶液冲洗。

饮食重点

宜食 促进子宫收缩的食物	饮食应以能促进子宫收缩的菜品为宜。此外，新妈妈还担负着哺乳的重任，催乳的食物也是必不可少的。
宜食养血化瘀 的食物	只有促使瘀血排出、补足新血，子宫内膜才能够尽快恢复。
忌食 生冷坚硬之物	生冷之物易导致瘀血滞留，可引起产后腹痛、产后恶露不绝。寒凉性食物如梨、柿子、西瓜、茄子、黄瓜等不宜凉着食用。

生化汤

材料 当归20克，川芎15克，炮姜、炙甘草各1克，桃仁（去皮、尖）10克。

调料 黄酒适量。

做法

将桃仁敲碎后与当归、川芎、炙甘草、炮姜一起放入锅中，加入等量的黄酒和水（以没过药材为宜）煎成一碗。每天正餐前空腹喝50毫升。

山楂红糖水

材料 山楂120克。

调料 红糖适量。

做法

1. 山楂洗净，去核。
2. 将山楂、红糖和适量清水放碗中，隔水蒸半小时即可。

木瓜凤爪汤

材料 嫩鸡爪250克，木瓜200克，红枣10颗。

调料 盐适量。

做法

1. 鸡爪洗净，去掉爪尖；红枣洗净，去核；木瓜洗净，去皮、去瓤，切块。
2. 锅内加入适量清水，大火烧开，放入鸡爪、木瓜块、红枣，煮至鸡爪熟烂，加盐调味即可。

产后腹痛

病症解析

产后腹痛的成因

产后腹痛主要是生完宝宝之后子宫收缩时引起的收缩痛，因此，产后腹痛又称宫缩痛，属于生理现象，一般不需治疗。若腹痛阵阵加剧，难以忍受，影响产妇康复，则属于病态，多是由气血运行不畅、瘀滞不通引起的。

产后腹痛的缓解办法

1. 热敷缓解。产后腹痛时，可以将盐炒热，敷熨腹部。或生姜 60 克，水煎，用毛巾浸生姜水热敷小腹。

2. 按摩缓解。产妇也可自己按摩小腹：先搓热手掌，以关元穴为圆心，用手掌在小腹部做环形推摩，顺时针方向 50 圈，逆时针方向 50 圈，每日 1~2 次。起到活血、行气、散寒的功效，有助于缓解疼痛。

饮食重点

饮食以清淡为主	产妇刚分娩完，身体较为虚弱，应食用清淡、易消化的食物。
可适当食用养血食物	产妇分娩后，宜食用羊肉、鸡肉、山楂、红糖、红豆等食物，能起到养血理气的作用。
远离刺激性食物	产妇身体虚弱，再加上产后腹痛，更不应该吃生冷的食物，如冷饮、啤酒等；或容易引起胀气的食物，如黄豆、蚕豆、零食、甜食等。

蜜枣白菜羊肉汤

材料 羊肉300克，白菜100克，蜜枣、杏仁各适量。

调料 香菜段、盐各适量。

做法

1. 羊肉洗净，切块，焯水；白菜洗净，切片；蜜枣、杏仁分别洗净。
2. 羊肉块、蜜枣、杏仁放入锅中，加入适量清水，大火煮沸后转小火煲2小时，加入白菜片略煮，调入盐，撒上香菜段即可。

薏米鸡汤

材料 鸡1只，薏米50克，党参10克。

调料 姜片、葱花、盐、胡椒粉、料酒各适量。

做法

1. 鸡治净，剁成块，放入沸水中焯烫后捞出；党参、薏米洗净。
2. 砂锅中加入适量清水，放入焯烫好的鸡块、薏米、姜片、党参、葱花、胡椒粉、料酒，大火烧开后撇去浮沫，改小火慢炖2小时，调入盐即可。

红豆腐竹鲤鱼汤

材料 鲤鱼500克，腐竹、红豆各40克，猪瘦肉50克。

调料 盐、姜片各适量。

做法

1. 红豆洗净，浸泡4小时；腐竹洗净，切段，用清水浸泡；猪瘦肉洗净，切块；鲤鱼治净，切块。
2. 锅中倒油烧热，将鲤鱼块煎至两面微黄。
3. 红豆、姜片放入锅中，加入清水大火煮沸，放入瘦肉块、鲤鱼块，继续煮5分钟后转小火煮50分钟，放入腐竹段，大火煮10分钟，加盐调味即可。

产后便秘

病症解析

产后便秘的成因

产后便秘是指新妈妈产后正常饮食，但接连好几天都不排大便或排便时干燥疼痛、难以排出的现象。

产前曾经灌肠的产妇，产后 2~3 天才会解大便；若产前没有灌肠者，产后 1~2 天就有可能首次排便。一旦在产后超过 3 天还没有解大便，就应注意是否发生了便秘。

产后便秘的缓解妙招

1. 深长的腹式呼吸：呼吸时，膈肌活动的幅度较平时增加，能促进胃肠蠕动。

2. 腹部自我按摩：仰卧在床上，屈双膝，两手搓热后，叠放在肚脐上，以肚脐为中心，顺时针方向按揉。每天 2~3 次，每次 5~10 分钟。

3. 吸推排便法：把手放在腹部上，收缩腹部肌肉，让肚子变平坦腰部变宽，这叫“吸”；再做相反的动作，这叫“推”。做 10 次吸推动作后，再长时间（3~5 秒）做一个推的动作。做这个动作的时候要放松盆底肌。

饮食重点

适当喝汤水	使肠道得到充足的水分，以利于肠内容物通过。
饮食多样化	做到荤素搭配、粗细搭配，适当补充一些高蛋白食物，比如豆腐、瘦肉等。
适量多吃些富含膳食纤维的新鲜蔬果	比如芹菜、胡萝卜、大白菜、莲藕、苹果、梨等，对防止产后便秘非常有益。

莲藕青豆汤

材料 红枣10克，莲藕200克，青豆200克。

调料 姜丝、陈皮各5克，盐3克，香油5克。

做法

1. 青豆洗净；莲藕去皮，洗净，切片；红枣洗净；陈皮浸软，切丝。
2. 锅置火上，倒入水煮沸，放入莲藕片、姜丝、陈皮、青豆和红枣煮沸。
3. 转小火煮1小时，加盐、香油调味即可。

红薯米汤

材料 大米20克，红薯10克。

做法

1. 大米洗净，浸泡20分钟，沥干，放入搅拌器中磨碎；红薯洗净，蒸熟，然后去皮捣碎。
2. 把大米碎和适量水倒入锅中，用大火煮开后，放红薯碎，调小火煮开即可。

香果燕麦牛奶饮

材料 即食燕麦片20克，牛奶300克，苹果半个，香蕉半根。

做法

1. 燕麦片用热水冲开；香蕉去皮，切片；苹果洗净，去皮、核，切丁。
2. 将香蕉片、苹果丁倒入搅拌机，加少量水，打成汁。
3. 将牛奶、果汁加入燕麦片中搅拌均匀即可。

产后乳房胀痛

病症解析

产后乳房胀痛的成因

有些新妈妈在产后第 3 天双乳开始胀满、疼痛、出现硬结，甚至延至腋窝的副乳，伴有低热，这主要是由于静脉充盈、间质水肿以及乳腺管不畅所致的乳房胀痛。严重者乳汁不能排出，乳头水肿，致使乳汁在乳房内淤滞而形成硬结，如果副乳有乳汁淤滞，也可导致乳房胀痛。

缓解乳房胀痛的办法

1. 早开奶，让宝宝多吸吮。吸吮动作可促使乳腺管开放，并及时将乳汁排出，减少乳汁淤积。

2. 热敷。乳腺管通畅而乳汁分泌过多时，乳房也会出现胀痛。这种情况可使用热敷的方式来缓解。热敷能通畅阻塞于乳腺里的乳块，从而促进乳房的正常循环。但需注意，由于乳头与乳晕这两个部位的皮肤较嫩，热敷时应避开。

饮食重点

饮食要清淡	鲫鱼汤、丝瓜汤等较清淡的汤品，有利于乳汁分泌，减轻乳房胀痛。
选择低脂高纤饮食	高纤食物可以帮助体内清除过量的雌激素，有助于缓解乳房疼痛。
远离刺激性食物	食用刺激性食物容易上火，加重乳房胀痛。

金针菠菜豆腐煲

材料 豆腐 250 克，金针菇 100 克，菠菜 50 克，鲜虾 30 克。

调料 盐 3 克，香油适量。

做法

1. 豆腐洗净，切块；鲜虾去头、去虾线，洗净；金针菇、菠菜去根，洗净，菠菜焯水。
2. 锅中倒入清水大火烧开，放入豆腐块、金针菇，转中火煮 5 分钟。
3. 放入鲜虾、菠菜煮熟，关火，加入盐，淋入香油即可。

玉米丝瓜络汤

材料 玉米 100 克，丝瓜络 50 克，橘核 10 克，鸡蛋 1 个。

调料 冰糖适量。

做法

1. 将鸡蛋打散备用；将玉米、丝瓜络、橘核加水熬煮 1 小时。
2. 将蛋花浇入汤锅中，然后加入冰糖调匀即可。

海带生菜汤

材料 水发海带、生菜各 100 克。

调料 姜末、葱末、香油、盐适量。

做法

1. 海带洗净，切片；生菜择洗净，撕片。
2. 海带片、姜末、葱末加清水煮 20 分钟，起锅前放入生菜片、香油，用盐调味即可。

产后贫血

病症解析

产后贫血的症状表现

轻度贫血者主要表现为头晕、昏昏欲睡、身体虚弱、乏力、低热、指甲和嘴唇苍白、烦躁或忧郁等症状；中、重度贫血者则可能引起子宫脱垂、内分泌紊乱、经期延长、抵抗力下降等。

不同类型的贫血，补充相应的造血原料

1. 缺铁性贫血。需补充含铁丰富的食物，如动物肝脏、瘦肉、动物血、蛋黄、黄鱼干、虾仁、菠菜、豆腐干等。以上食物以动物血、动物肝脏最佳。

2. 叶酸和维生素 B_{12} 缺乏性贫血。应补充动物肝及肾、瘦肉、绿叶蔬菜等。

3. 蛋白质供应不足引起的贫血。应补充瘦肉、禽肉、豆制品。

饮食重点

合理安排饮食，不可长期偏食	多吃不同种类的食物，使自己得到更加全面的营养。如果没有胃口，可以吃山楂、鸡内金等来开胃。 食物的摄入必须安排合理，比如铁不能和草酸、鞣酸一起摄入；忌吃生冷辛辣、油腻、难消化的食物；忌饮用咖啡、茶等。
补铁别忘了补维生素 C	补充维生素 C 可以提高铁在人体内的吸收和利用率。维生素 C 含量高的食物有柑橘、葡萄柚、苹果、胡萝卜、白菜等。

鸭血木耳汤

材料 鸭血200克，水发木耳50克。

调料 姜末、香菜段各5克，盐3克，水淀粉、香油各少许。

做法

1. 鸭血洗净，切成3厘米见方的块；水发木耳洗净，用手撕成小片。
2. 锅置火上，加适量清水，煮沸后放入鸭血、木耳、姜末，再次煮沸后转中火煮10分钟，用水淀粉勾芡，加入香菜段、盐，淋香油即可。

百合白果牛肉汤

材料 牛肉200克，白果20克，百合30克，红枣5枚。

调料 盐4克，姜片、香油各适量。

做法

1. 牛肉洗净，切薄片，焯烫；白果去壳，用水浸去外层薄膜，洗净；百合洗净，泡软；红枣洗净，去核。
2. 汤锅内倒入适量清水烧沸，放入红枣、白果和姜片，用中火煲至白果将熟，加入牛肉片、百合，继续煲至牛肉片熟软，加盐调味，淋入香油即可。

红枣枸杞煲猪肝

材料 猪肝150克，枸杞子10克，红枣6枚。

调料 葱花10克，料酒5克，盐4克。

做法

1. 猪肝去净筋膜，洗净，切片；红枣洗净，去核；枸杞子洗净。
2. 锅置火上，放入红枣、枸杞子和适量清水一起煲，水开后下入猪肝片，用大火煮5分钟左右，加葱花、盐、料酒调味即可。

产后风

病症解析

产后风的成因

产后风，是女性在生产孩子时，因筋骨腠理大开，身体虚弱，内外空疏不慎风寒侵入。在月子恢复期，筋骨腠理闭合，使风寒包入体内，形成产后风。

产后风的日常保健护理

1. 补益气血、培补肾气。产后风很多是子宫虚损，子宫通肾气，所以要培补肾气，肾气壮了，气血足了，患者怕风怕冷的症状就能明显缓解。

2. 三分治，七分养。治疗产后风，如果调养不当，只靠吃药，效果会大打折扣。如睡眠不足、生闷气等都会影响气血运行。

3. 在慢治，不在急治。通常 3 个月内会有所好转，但真正恢复正常则要半年或一年的时间，这是整体身体素质的提高，不是单一病的治疗问题。

饮食重点

吃些温热性的食物	温热性的食物可以帮助祛除体内的寒气，有助于身体健康。比如说樱桃、桂圆、猪肝、鸡肉、羊肉等。
吃有益气补血、散风除湿之功的食物	如红枣、木耳、薏米等，对于女性产后风的恢复有帮助。

苹果银耳瘦肉汤

材料 猪瘦肉150克，猪肚1个，山药50克，莲子20克，芡实、百合各15克。

调料 盐适量，姜片15克。

做法

1. 莲子洗净，去心，用清水浸泡15分钟；猪瘦肉、猪肚分别洗净，焯水，切块；山药洗净，去皮，切块；芡实、百合分别洗净。
2. 瘦肉块、猪肚块、山药块、莲子、芡实、百合、姜片放入锅内，加入适量清水，大火煮沸后改为小火煲2小时，调入盐即可。

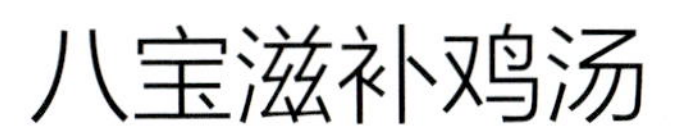

八宝滋补鸡汤

材料 三黄鸡1只，山药、胡萝卜、荸荠各100克，玉米笋50克，薏米20克，红枣5枚。

调料 盐、陈皮各5克，鸡高汤适量。

做法

1. 薏米洗净，浸泡4小时；三黄鸡治净，切大块，焯水；山药、胡萝卜、荸荠分别去皮，洗净，切块；玉米笋、陈皮、红枣洗净。
2. 煲锅内倒入鸡高汤，放入所有食材、陈皮，大火煮沸后转小火煲2小时，加盐即可。

黄芪红枣乌鸡汤

材料 乌鸡250克，红枣10枚，黄芪20克。

调料 盐3克。

做法

1. 乌鸡洗净，剁成块，焯去血水；红枣洗净，去核；黄芪择去杂质，洗净，装入纱布袋中。
2. 锅置火上，放入乌鸡、红枣、黄芪，倒入清水，没过锅中食材，大火烧开后转小火煮至乌鸡肉烂，取出黄芪，加盐调味即可。

产后缺钙

病症解析

产后缺钙的原因

因为哺乳的需求，产后新妈妈的钙流失速度非常快；在经期未复潮前，其骨骼更新钙的能力较低，所以会引发骨质疏松、腰酸背痛、足跟痛以及牙齿松动等产后缺钙症状。

产后缺钙的调理

1. 少量多次补钙效果好。在吃钙片的时候，可以选择剂量小的钙片，每天分 2~3 次口服。

2. 选择最佳的补钙时间。补钙最佳时间最好是晚饭后休息半小时，因为血钙浓度在后半夜和早晨最低，最适合补钙。

3. 补钙同时适量补充维生素 D。除了服用维生素 D 制剂外，维生素 D 也可以通过晒太阳的方式在体内合成。每天只要在阳光充足的室外活动半小时就可以合成足够的维生素 D。

饮食重点

吃富含钙的食物	选择奶及奶制品、豆制品、坚果、菌类、动物内脏，这些食物的钙含量比较多。
适量摄入维生素 D	维生素 D 能够促进钙吸收，及时正确地补充维生素 D 对改善产后缺钙很重要，海产品、菌菇等都含维生素 D。
补钙的同时应补充蛋白质	蛋白质消化分解为氨基酸，尤其是赖氨酸和精氨酸，会与钙结合形成可溶性钙盐，利于钙的吸收。

鱼头豆腐汤

材料 鱼头1个，豆腐300克。

调料 盐、葱段、姜片、料酒各适量。

做法

1. 鱼头洗净，从中间切开，用纸巾蘸干表面的水；豆腐洗净，切成大块。
2. 锅中倒入植物油，待油七成热时放入鱼头，煎至两面金黄，盛出；锅留底油，放入葱段、姜片爆香，放入鱼头，加入料酒，倒入适量开水没过鱼头，大火煮开后转中火煮15分钟，放入豆腐块，调入盐，继续煮10分钟即可。

木耳海参虾仁汤

材料 水发海参、鲜虾仁各100克，水发木耳25克。

调料 葱花、姜丝、盐、香菜碎各适量。

做法

1. 水发海参去内脏，洗净，切丝；鲜虾仁去虾线，洗净；水发木耳择洗干净，撕成小朵。
2. 汤锅置火上，倒油烧热，炒香葱花、姜丝，倒入木耳、海参丝和鲜虾仁翻炒均匀，加适量清水大火烧沸，转小火煮5分钟，加盐调味，撒香菜碎即可。

南瓜柚子牛奶

材料 柚子100克，牛奶300克，南瓜150克。

调料 蜂蜜适量。

做法

1. 南瓜洗净，去瓤，切块，蒸熟后去皮，放凉备用；柚子去皮和子，切成小块。
2. 将所有食材倒入果汁机中搅打，打好后调入蜂蜜即可。

产后失眠

病症解析

产后失眠的表现

长期失眠容易引起心烦意乱、疲乏无力，甚至头痛、多梦、多汗、记忆力衰退，并诱发一些器质性疾病。

产后失眠的调养

1. 精神疗法。在睡觉前让自己的精神放松下来，可以在睡前敷一下面膜，看看书，听听舒缓的音乐等。只有全身心放松，才能提高睡眠质量，避免产后失眠。

2. 运动疗法。运动可以促进睡眠，每天保持 10~30 分钟的运动，可以让睡眠质量有所改善，缓解产后失眠状况。不过要注意，睡前 2 小时内最好别运动，以免太亢奋睡不着。

饮食重点

多食 B 族维生素含量丰富的食物	B 族维生素是维持机体神经系统的重要物质，也是构成神经传导的必需物质，能够有效缓解心情低落、全身疲乏、食欲缺乏等症状。富含 B 族维生素的食材有鸡蛋、深绿色蔬菜、牛奶、谷类、芝麻等。
多吃富含钾的食物	如香蕉、瘦肉、猪心、坚果类、绿色蔬菜、番茄等富含钾，可稳定血压、情绪。

茯苓煲猪骨汤

材料 猪脊骨 250 克，茯苓片 10 克。

调料 陈皮、姜片、料酒、盐各适量。

做法

1. 猪脊骨洗净，剁块，焯水，捞出，用清水洗净；茯苓片洗净；陈皮泡软，洗净，切丝。
2. 猪脊骨、茯苓片、陈皮丝和姜片放入汤锅内，加入适量清水没过食材，大火煮沸，淋入适量料酒，转小火慢煲 3 小时，加盐调味即可。

香蕉木瓜酸奶汁

材料 酸奶 300 克，木瓜 150 克，香蕉 1 根。

做法

1. 香蕉去皮，切成丁；木瓜去皮和子，切成小块。
2. 将香蕉丁、木瓜块和酸奶一起放入榨汁机搅打成汁即可。

银耳莲子汤

材料 干银耳 1 朵，莲子 10 克。

调料 冰糖适量。

做法

1. 银耳用清水泡发，洗净，去蒂，撕成小朵；莲子洗净，用清水泡透，去心。
2. 砂锅倒入适量温水置火上，放入银耳、莲子，倒入没过锅中食材一指节的温水，大火煮开后转小火煮 1 小时，加冰糖煮至冰糖化即可。

Part
8
体质新妈妈，
喝对汤强体质

自我体质判断

类型	自检问题	调理措施
平和体质	精力充沛吗？ 能适应外界自然和社会环境的变化吗？ 容易失眠吗？	营养均衡，合理膳食
阳虚体质	手脚发凉吗？ 感到怕冷、衣服总比别人穿得多吗？ 受凉或吃（喝）凉的东西后，容易腹泻吗？	温阳补气，多晒太阳；不熬夜，热水泡脚
阴虚体质	感到手脚心发热吗？ 口唇的颜色比一般人红吗？ 感到眼睛干涩吗？	滋阴降火，少辛辣；不熬夜
痰湿体质	感到身体沉重不轻松或不爽快吗？ 有额部油脂分泌多的现象吗？ 舌苔厚腻吗？	适当运动出出汗，饮食七八成饱，少放调味料
湿热体质	脸上容易生痤疮或皮肤容易生疮疖吗？ 大便黏滞不爽、有解不尽的感觉吗？ 小便时尿道有发热感、尿色浓（深）吗？	避免久居潮湿之地，夏日少用空调
气郁体质	感到闷闷不乐、情绪低沉吗？ 多愁善感、感情脆弱吗？ 无缘无故叹气吗？	疏肝解郁，忌生闷气、忌多疑多虑
气虚体质	容易气短（呼吸短促、接不上气）吗？ 容易心慌吗？ 活动量稍大就容易出虚汗吗？	不过劳，不随意节食；提升自信心和精气神

（续表）

类型	自检问题	调理措施
血瘀体质	面色黯黑或容易出现褐斑吗？ 容易出现黑眼圈吗？ 口唇颜色偏暗吗？	活血化瘀，改善血瘀
特禀体质	因季节变化、温度变化或异味等原因而咳喘吗？ 皮肤一抓就红，并出现瘢痕吗？ 没感冒也常打喷嚏吗？	避免让身体忽冷忽热，受强刺激；春季防花粉，夏季防晒

体质由什么决定

体质也就是身体的品质、特质，每个个体独特的生理现象。

天生体质的形成

爸爸的精子 + 妈妈的卵子就形成了天生体质

后天体质的形成与哪些因素有关

平和体质

体质特征

面色肤色润泽，头发稠密有光泽，目光有神，唇色红润，无口气，不容易疲劳，精力充沛，对冷热有较好的耐受力，睡眠良好，胃口好，大小便正常，舌头颜色淡红，脉和缓有力。这种体质的人平时少患病。

饮食调养

日常养生应采取中庸之道，吃得不要过饱，也不能过饥，不嗜冷，也不过热。多吃五谷杂粮、蔬菜瓜果，少食过于油腻及辛辣之物。

运动上，一般选择温和的锻炼方式。

干贝竹笋瘦肉羹

材料　猪瘦肉 200 克，竹笋 50 克，干贝 30 克，鸡蛋 1 个，枸杞子 10 克。

调料　盐、葱花、高汤各适量。

做法

1. 猪瘦肉洗净，切末；鸡蛋打散备用；竹笋去老皮，洗净，切丁；干贝、枸杞子分别洗净。
2. 锅中倒油烧热，放入葱花、瘦肉末翻炒，倒入高汤，加入竹笋丁、干贝、枸杞子，大火煮沸后转小火，煮至干贝熟透，调入盐，淋入蛋液稍煮即可。

枸杞菠萝银耳汤

材料　枸杞子 10 克，干银耳 5 克，净菠萝 1/4 个。

调料　冰糖适量。

做法

1. 枸杞子洗净；菠萝洗净，切成小块；银耳泡发，洗净，去蒂，撕成小朵。
2. 锅置火上，倒入适量清水，放入银耳，大火烧开后改小火焖煮 40 分钟，放入菠萝块、枸杞子煮 5 分钟，加入冰糖，待冰糖煮化后即可。

气虚体质

体质特征

语声低怯、气短懒言，容易疲乏，精神不振，易出汗，舌头呈淡红色，舌体胖大，舌边缘有齿印痕，脉象虚缓。这种人平素体质虚弱，容易感冒。

饮食调养

多吃有益气健脾作用的食物，如黄豆、白扁豆、鳝鱼、鸡肉、泥鳅、香菇、红枣、桂圆、蜂蜜等。平时尽量避免食用槟榔、空心菜、生萝卜等。

运动上，以柔缓为主，不宜做大负荷消耗体力的运动和出大汗的运动。

枣仁泥鳅汤

材料 泥鳅 100 克，酸枣仁 50 克。

调料 葱花、姜末、料酒、盐各适量。

做法

1. 泥鳅去内脏，洗净，切段；酸枣仁炒熟。
2. 锅中加清水适量，放入泥鳅、酸枣仁、姜末、葱花、料酒，大火煮开 3 分钟，撇去浮沫，改小火煮 15 分钟，调入盐即可。

黄芪鳝鱼羹

材料 鳝鱼 250 克，黄芪 30 克。

调料 姜片 10 克，水淀粉、香油各 5 克，盐 3 克。

做法

1. 鳝鱼去内脏、头、骨，洗净，切成小段，焯水，过凉，洗净；黄芪洗净，切碎。
2. 把鳝鱼、黄芪、姜片放入锅内，加入适量清水煮沸，转小火炖 1 小时左右，去黄芪渣，用水淀粉勾芡，加入盐、香油搅匀，稍煮一下即可。

湿热体质

体质特征

平时面部常有油光，容易生痤疮、粉刺，舌头颜色偏红，舌苔黄腻，易口苦口干，身体常感沉重，容易疲倦。这种体质的人易患痤疮、黄疸。

饮食调养

饮食清淡，多吃甘寒、甘平的食物，如绿豆、空心菜、苋菜、芹菜、茭白、黄瓜、冬瓜等。少食辛温助热的食物。

运动上，适合做中等强度、大运动量的锻炼，如中长跑、游泳、爬山、各种球类、武术等。

蘑菇冬瓜汤

材料 冬瓜 200 克，鲜蘑菇 50 克。

调料 葱花、姜片、盐各 4 克，香油各 3 克。

做法

1. 冬瓜洗净，去皮、去瓤，切成薄片备用；将鲜蘑菇洗净，去蒂后切片备用。
2. 锅中放入适量清水，大火煮沸后放入冬瓜片、葱花、姜片，继续煮沸后放入蘑菇。
3. 待蘑菇煮熟、香味四溢时，放入盐、香油调味即可。

奶汤茭白

材料 茭白 300 克，白菜心 100 克，牛奶 50 克。

调料 盐、料酒、葱姜汁各适量。

做法

1. 茭白去皮，洗净，切成块，焯水；白菜心洗净，切成片。
2. 炒锅倒油，烧至六成热时放入白菜心，炒至断生。
3. 加料酒、葱姜汁、盐、牛奶、清水，煮开后放茭白块，转小火煮 5 分钟即可。

阴虚体质

体质特征

容易燥热，咽喉干涩，口渴，爱喝冷饮，大便干燥，舌头红，口水和舌苔偏少。这种体质的人容易出现阴亏燥热的病变，或者于病后表现为阴亏。

饮食调养

多吃甘凉滋润的食物，如猪瘦肉、鸭肉、鲫鱼、绿豆、丝瓜、百合等。少食羊肉、韭菜、辣椒、葱、蒜、葵花子等性温燥烈的食物。

运动上，适合做中小强度、间断性的锻炼，可选择太极拳、太极剑等。

丝瓜鲫鱼汤

材料 丝瓜 250 克，鲫鱼 1 条。

调料 盐 2 克，料酒 10 克，葱段、姜片各 5 克，香菜段 3 克。

做法

1. 丝瓜去皮除子，洗净，切滚刀块；鲫鱼去鳃、鳞、内脏，洗净。
2. 锅内倒油烧热，将鲫鱼煎至两面金黄。
3. 倒入适量水，将丝瓜块放入汤煲内，加入葱段、料酒、姜片，大火烧开，转小火煲 40 分钟，调入盐，撒香菜段即可。

百合双豆甜汤

材料 绿豆、红豆各 50 克，鲜百合 100 克。

调料 冰糖适量。

做法

1. 绿豆、红豆分别洗净，用清水泡 8 ~ 10 小时；百合掰片，用清水洗净。
2. 锅置火上，把泡好的绿豆、红豆放入锅内，加清水大火煮开，然后改小火煮至豆子软烂，再放入百合和冰糖稍煮片刻即可。

气郁体质

体质特征

性格内向，抑郁脆弱，敏感多疑，平时睡眠较差，痰多，大便燥结，小便正常，舌头颜色淡红，舌苔薄白，脉象弦细。这种体质的人容易出现食欲减退、健忘、抑郁、失眠。

饮食调养

多吃有行气、解郁、消食、醒神作用的食物，如小麦、黄花菜、葱、蒜、海带、萝卜、金橘、山楂等。睡前避免饮茶、咖啡等提神醒脑的饮料。

运动上，尽量增加户外活动，可坚持较大量的运动锻炼，如跑步、登山等。

海带炖鸭

材料 鸭子 1 只，水发海带 200 克。

调料 盐少许，料酒、姜末、葱花各 5 克，胡椒粉、花椒各 2 克。

做法

1. 将鸭子收拾干净，剁成小块；海带洗净，切方块。
2. 锅中加入清水烧开，放入鸭块和海带块，烧开后撇去浮沫，加入葱花、姜末、料酒、花椒、胡椒粉，用中火将鸭肉炖烂，加盐调味即可。

萝卜蛤蜊汤

材料 带壳蛤蜊 300 克，白萝卜 100 克。

调料 香菜末、葱花、姜丝、盐、香油各适量。

做法

1. 将蛤蜊放入淡盐水中使其吐净泥沙，然后洗净，煮熟，取肉；将白萝卜洗净，切丝。
2. 将汤锅置于火上，加入葱花、姜丝和适量煮蛤蜊的原汤，放入白萝卜丝煮熟，再放入蛤蜊肉煮沸，用盐、香油调味，撒上香菜末即可。

阳虚体质

体质特征

怕冷，喜欢热饮热食，精神不振，睡眠偏多，舌头颜色偏淡，舌体略显胖大、边缘有齿印痕，舌苔湿润，脉象沉迟微弱。这种体质的人易出现痰饮、肿胀、腹泻。

饮食调养

可多吃甘温益气的食物，比如牛肉、羊肉、葱、姜、蒜、花椒、鳝鱼、韭菜、辣椒、胡椒等。少食生冷寒凉食物，比如黄瓜、生藕、梨、西瓜等。

运动上，可做一些舒缓柔和的运动，如打太极拳、做广播操。

当归羊肉汤

材料 羊肉300克，当归片10克，白萝卜200克。

调料 姜片、盐各适量。

做法

1. 白萝卜洗净，切块；羊肉剁成小块，洗净。
2. 羊肉入沸水焯烫，捞出后用清水洗净。
3. 锅中倒入适量水，放入羊肉块、萝卜块、当归、姜片，大火烧开后改小火炖至肉烂，加盐调味即可。

山药黄芪牛肉汤

材料 牛肉200克，山药100克，芡实50克，黄芪、桂圆肉、枸杞子各10克。

调料 葱段、姜片、盐、料酒各3克。

做法

1. 牛肉洗净，切成块，焯去血水，捞出沥干；山药洗净，去皮，切成块；黄芪洗净，切片；芡实、桂圆肉、枸杞子分别洗净。
2. 汤锅中放入适量清水，放入所有食材及葱段、姜片，淋入料酒，大火煮沸后转小火慢煲2小时，加盐调味即可。

痰湿体质

体质特征

面部皮肤油脂较多，汗水多且黏，容易胸闷，痰多，平时爱吃甜食和肥腻食物，大便正常或者略稀，小便量不多或者稍微混浊。这种体质的人容易患糖尿病、脑卒中。

饮食调养

饮食以清淡为原则，少食甜黏、油腻的食物，可多食葱、蒜、海带、冬瓜、萝卜、金橘、芥末等食物。

运动上，平时多进行户外活动，可经常晒太阳或进行日光浴。

海米冬瓜汤

材料 冬瓜 400 克，海米 20 克。

调料 葱花、姜末各 5 克，盐 2 克，料酒 10 克。

做法

1. 冬瓜去皮，洗净，切片，用盐腌 5 分钟，沥水，过油，捞出；海米用温水泡软。
2. 锅内倒油烧热，爆香葱花、姜末，加入盐、海米、料酒翻炒，再加水，放冬瓜片煮入味即可。

蒜香鲤鱼汤

材料 鲤鱼肉 150 克，蒜瓣 50 克。

调料 葱花、醋各 10 克，香菜末 5 克，盐 2 克，料酒少许。

做法

1. 鲤鱼肉洗净，片成薄片，加料酒抓匀；蒜瓣去皮，拍碎。
2. 锅置火上，倒油烧至七成热，炒香葱花，放入鱼片，倒入适量清水煮开，加蒜碎略煮至鱼片熟透，加盐、醋调味，撒上香菜末即可。

血瘀体质

体质特征

皮肤偏暗、有色素沉着，唇色暗淡或者发紫，舌色暗且有点、片状瘀斑，脉象细涩。这种体质的人容易患出血、脑卒中等疾病。

饮食调养

可多食有活血、散结、行气、疏肝解郁作用的食物，如黑豆、海带、紫菜、白萝卜、胡萝卜、米酒、绿茶等。少食肥肉、油炸食品等。

运动上，可进行一些有助于促进气血运行的活动，如太极拳、舞蹈等。

米酒蛋花汤

材料 米酒 150 克，鸡蛋 1 个。

调料 白糖 5 克。

做法

1. 鸡蛋打散，搅匀成蛋液。
2. 锅中倒入米酒和适量清水，大火烧开，倒入蛋液，快速搅拌至煮开，加白糖调味即可。

玉米须绿茶饮

材料 玉米须 15 克，绿茶 3 克。

做法

1. 玉米须洗净，备用。
2. 将玉米须放杯中，冲入适量沸水，加盖稍闷 1 分钟，加入绿茶晃动杯子，让水浸润绿茶，30 秒钟后即可饮用。

特禀体质

体质特征

如为过敏体质则容易患药物过敏、食物过敏、花粉症等，或患有遗传性疾病如血友病等。

饮食调养

饮食宜清淡、均衡，粗细搭配适当，

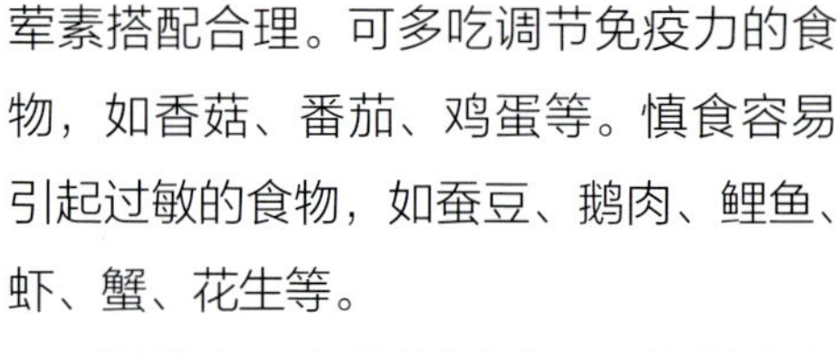

荤素搭配合理。可多吃调节免疫力的食物，如香菇、番茄、鸡蛋等。慎食容易引起过敏的食物，如蚕豆、鹅肉、鲤鱼、虾、蟹、花生等。

运动上，春季尽量减少室外活动时间，因为这个时候花粉比较多，容易引发过敏。

黄瓜鸡蛋汤

材料 黄瓜 100 克，鸡蛋 1 个。

调料 盐、姜末、葱花、香油各适量。

做法

1. 黄瓜洗净，切片；鸡蛋打入碗中，搅散。
2. 锅中加入适量水，大火煮沸，加入盐、姜末、葱花、黄瓜片，再次煮沸，淋入鸡蛋液略煮，滴入香油即可。

番茄口蘑汤

材料 番茄 200 克，口蘑 100 克，豆苗 30 克。

调料 盐 3 克，葱花、姜丝各适量。

做法

1. 将番茄洗净，放入沸水锅中焯烫，捞出，去皮，切小粒；口蘑洗净，去蒂，切小粒；豆苗去根，洗净。
2. 锅置火上，放油烧热，下葱花、姜丝煸香，放入番茄粒、口蘑粒，大火翻炒均匀，加入适量水烧沸，加豆苗略煮，用盐调味即可。

四季坐月子有差别

春季坐月子

饮食重点

1. 春季气候比较干燥，新妈妈在坐月子期间要注意多喝汤水，一方面补充水分，一方面增加乳汁分泌。

2. 饮食以清淡、易消化为主。

3. 春天的当季瓜果蔬菜比较多，新妈妈要适当多吃。

4. 不宜吃燥热、辛辣、过于油腻的食物。

养生好食材

小米、黑米、牛肉、红枣、菠菜、南瓜、豆苗、荠菜、豌豆、苋菜、荸荠、海带等。

春季要预防细菌感染

春天是各种细菌、病毒非常活跃的季节。因此，在春季坐月子，新妈妈要保护好自己和宝宝，以免受到病菌的侵袭。要经常给房间通通风，同时避免房间过于干燥和或者因为潮湿而滋生细菌。室温一般保持在 22℃左右，湿度在 50%左右比较合适。

夏季坐月子

饮食重点

1. 夏天天气炎热，新妈妈出汗较多，应多喝白开水和清淡汤粥，如绿豆汤、银耳汤等，补充流汗所失的水分、促进排毒、防暑。

2. 多吃新鲜蔬果，不宜食用生冷的食物。蔬菜可以烫一烫或炒熟，水果可以榨成果汁后，温热饮用。

养生好食材

薏米、红豆、绿豆、芹菜、黄瓜、苦瓜、莴笋、香蕉、菠萝等。

夏季要预防中暑

在炎热的夏天坐月子，如果新妈妈一直处在高温的环境中，使机体出汗散热的功能受到严重影响，再加上适应能力较差，体内余热不能及时散发，体温中枢调节失常，很容易导致中暑。

平时一定要做好防暑降温的工作。房间应保持通风，每天通风 2 次，每次不少于 20 分钟。可以使用空调，但要避免直吹。

秋季坐月子

饮食重点

1. 秋季以滋阴润燥为主，可以吃些滋阴润燥的食物，如梨、百合、银耳、薏米等。

2. 秋天收获的坚果种类也很多，比如花生、栗子、核桃等，可适当多吃。

养生好食材

红薯、芋头、莲藕、梨、百合、菠菜、茄子、栗子、山药、牛奶、土豆、苹果等。

秋季要预防燥症

秋季干燥，风大，空气中缺乏水分，所以这个时候坐月子，要在新妈妈和宝宝的房间安置加湿器或在室内放一盆水，不仅可保持室内的湿度，同时又净化空气。

秋季容易引起口干、便秘等不适，平时应注意补充足够的水分。早上起床喝一杯温开水，帮助排便。同时，要养成良好的排便习惯，每日定时排便。平时也可以适当多食梨、绿叶菜等。

冬季坐月子

饮食重点

1. 冬季坐月子，新妈妈应吃些营养高、热量高且易消化的食物，同时要多喝水，以促使身体迅速恢复及保证乳量充足。

2. 应禁食生冷、寒凉的食物，水果一定要用温水泡上几分钟再吃。

3. 冬季天气寒冷，新妈妈出了月子也很少到户外活动，因此要通过饮食补钙，以补充体内钙的大量流失。

养生好食材

白菜、乌鸡、黄豆、南瓜、鲫鱼、金针菇、小白菜、黑豆、香菇、猴头菇、羊肉、花生、萝卜、核桃、桂圆等。

冬季要避免受寒感冒

冬季天气寒冷，新妈妈要特别注意保暖，睡觉时关闭门窗，以防止风寒入侵，室内温度保持24℃，避免感冒伤风。

产后滋补粥

产后第 1 周滋补粥

藕粉粥

材料　藕粉、大米各 25 克。

调料　白糖 2 克。

做法

1. 大米洗净，放入锅中煮粥。
2. 大米煮熟时加入藕粉和白糖，调匀即可。

功效　藕粉可补益气血，增强人体免疫力，与大米搭配做粥，对新妈妈恢复体力很有帮助。

小米粥

材料　小米 60 克。

做法

1. 将小米淘洗干净。
2. 将锅置于火上，倒入适量清水烧开，放入小米，用大火煮沸后再转成小火，煮至小米开花即可。

功效　小米富含 B 族维生素，对于产后气血亏损、体质虚弱的新妈妈有很好的补益作用，还能健脾开胃、促进睡眠。

产后第 2 周滋补粥

小米红枣粥

材料 小米 80 克，红枣 6 枚，红豆 30 克。

调料 红糖 5 克。

做法

1. 将红豆洗净，用水浸泡 4 小时；小米洗净；红枣洗净，去核，切半。
2. 锅置火上，倒入适量清水烧开，加红豆煮至半熟，再放入小米、红枣煮至烂熟成粥，用红糖调味即可。

功效 红枣大小米粥可健脾胃、补虚损、益肾气，常食可防治消化不良，有助于恢复体力。

鸡肉山药粥

材料 大米 100 克，去皮鸡肉 50 克，山药 80 克。

调料 盐 1 克，葱末 5 克，料酒 10 克。

做法

1. 山药去皮，洗净，切菱形片；鸡肉洗净，切小丁，入沸水锅中焯烫一下，捞出，沥干。
2. 锅内倒油烧热，爆香葱末，放入鸡丁翻炒，加入料酒，翻炒均匀后盛出备用。
3. 大米洗净，放入砂锅中，加适量水，大火烧开，加入鸡丁和山药片熬煮至粥熟，加盐调味即可。

产后第 3 周滋补粥

桂圆枸杞粥

材料 桂圆肉 30 克，莲子 10 克，大米 100 克，枸杞子 5 克。

做法

1. 桂圆肉洗净；枸杞子洗净；莲子洗净后浸泡 1 小时；大米洗净，用水浸泡 30 分钟。
2. 锅内加适量清水烧开，加大米、莲子煮至八成熟，加桂圆肉、枸杞子煮 5 分钟即可。

功效 桂圆有补心安神、养血益脾的功效，枸杞子能补虚生精，二者搭配可强身健体。

猪腰大米粥

材料 大米 80 克，猪腰 50 克，绿豆 20 克。

调料 盐 1 克。

做法

1. 猪腰洗净，切片，焯水；大米、绿豆洗净，绿豆浸泡 4 小时。
2. 锅置火上，倒入适量清水大火烧开，放入大米、绿豆一起煮沸，再改用小火慢熬。
3. 煮至粥将成时，放入猪腰片煮熟，加盐调味即可。

八宝粥

材料 糯米、红豆各 50 克，莲子（去芯）、花生米、松仁、葡萄干、桂圆肉各 25 克，红枣 4 枚。

做法

1. 把所有材料洗净，糯米浸泡约 1 小时，红豆浸泡 2 小时以上。
2. 把红豆、莲子、花生米放入锅中，加足量清水煮至熟软。
3. 糯米放入锅中，放入适量清水，煮至粥熟，放入煮好的红豆、花生米、莲子煮沸，下入桂圆肉、红枣、松仁煮至浓稠，再加入葡萄干搅匀，继续煮 10 分钟即可。

阿胶粥

材料 阿胶 15 克，大米 60 克。

调料 红糖适量。

做法

1. 将阿胶捣碎备用。
2. 大米淘洗干净，放入锅中，加清水适量，煮成稀粥。
3. 待熟时，调入捣碎的阿胶，加入红糖即可。

功效 阿胶粥可滋阴补虚、养血止血，适用于功能失调性子宫出血及血虚、大便出血等症。

猪肚粥

材料 猪肚 100 克，大米 50 克。

调料 盐、葱花各适量。

做法

1. 猪肚洗净，切成丝，放入沸水中焯烫。
2. 大米洗净，与猪肚丝一起放入锅内，加清水适量，置于火上。
3. 煮沸后，转用小火煮至猪肚软烂、米粥黏稠，加盐调味，撒上葱花即可。

功效 猪肚粥可辅助治疗脾虚气弱、食欲不振、消化不良、小便频数、等症。

红莲子燕麦粥

材料 水发红莲子、燕麦、大米各 50 克。

做法

1. 水发红莲子、燕麦、大米洗净，燕麦用清水浸泡 30 分钟。
2. 将莲子、燕麦和大米一起放入锅中，加适量清水用大火烧开，转小火煮 20 分钟，关火后再闷 10 分钟。

功效 红莲子能清心、安神，燕麦可排毒通便、降血脂。

产后第 6 周滋补粥

核桃百合杂粮粥

材料 核桃仁 50 克，小麦、莲子、红豆各 30 克，干百合 10 克，花生米 20 克，红薯 80 克。

做法

1. 将莲子、红豆、小麦洗净后浸泡 4 小时；干百合泡软，洗净；核桃仁洗净，用刀压碎；花生米洗净；红薯洗净，去皮，切小块。
2. 锅内加适量清水烧开，加入除红薯以外的所有食材，大火煮开后转小火煮 40 分钟，倒入红薯块，继续煮约 20 分钟即可。

绿豆薏仁粥

材料 绿豆、薏米各 50 克。

调料 红糖适量。

做法

1. 薏米及绿豆洗净后用清水浸泡一夜。
2. 将绿豆和薏米放入锅内，加入清水，用大火烧开后改用小火煮至熟透。
3. 加入红糖调匀即可。

功效 薏米有利水消肿、健脾祛湿、清热排脓等功效，绿豆有消暑益气、清热解毒等食疗功效。常食这款粥对祛风除湿、调脂降压很有好处。